뜻밖의 것의
단순한 아름다움

어느 물리학자의 낚시, 생명, 우주에 관한 명상록

뜻밖의 것의
단순한 아름다움

초판 발행 2023. 5. 31
초판 2쇄 2024. 3. 20

지은이 마르셀로 글레이서
옮긴이 노태복
펴낸이 김광우
편집 강지수, 문혜영
마케팅 권순민, 김예진, 박장희
디자인 송지애

펴낸곳 知와사랑 | 주소 경기도 고양시 일산동구 고양대로1021번길 33 401호
전화 02) 335-2964 | 팩스 031) 901-2965 | 홈페이지 www.jiwasarang.co.kr
등록번호 제 2023-000016호 | 등록일 1999. 1. 23
인쇄 동화인쇄

ISBN 978-89-89007-99-9 03420

어느 물리학자의 낚시, 생명, 우주에 관한 명상록

뜻밖의 것의
단순한 아름다움

마르셀로 글레이서 지음
노태복 옮김

The Simple Beauty
of the Unexpected

知와사랑

内가 잡지 못한 송어와
내가 풀지 못한 방정식에게 이 책을 바친다

그렇다. 누구나 알듯이
명상과 물은 영원히 결합되어 있다.

허먼 멜빌, 『모비딕』

◆

똑같은 강물에 두 번 들어갈 수는 없다.
흐르는 물은 매번 다른 물이기에.

헤라클레이토스, 『단편』

일러두기

- 본서는 『The Simple Beauty of the Unexpected』(Second edition, 2022)를 기준으로 번역했습니다.

- 단행본 및 정기 간행물은 『 』, 시, 논문, 단편, 칼럼은 「 」, 미술 및 음악, 영화 작품은 〈 〉를 사용했습니다.

- 원서에서 강조 처리한 부분은 번역서에서 굵게 처리했습니다.

- 저자 주석은 각주, 역자가 부연한 설명은 본문 내 첨자 처리했습니다.

- 인명, 도서명, 지명 등의 원어 정보는 '색인' 항목을 참고하시기 바랍니다.

프롤로그

> 인간은 놀고 있는 아이처럼 진지해져야만
> 자기 자신과 가장 가까워진다.
>
> - 헤라클레이토스

소년과 바다

소년은 모래 속에 깊이 박힌 플라스틱 파이프 안으로 낚싯대를 끼워 넣었다. 파도는 낮았고 태양은 이미 소년의 등 뒤에서 지고 있었다. 비키니 차림의 여자들과 배구를 하던 근육질 남자들은 가고 없었다. 소년의 눈에 들어온 코파카바나 해변은 완벽한 황금빛 말발굽 모양이었다. 여기저기서 나이 든 낚시꾼들이 해변을 따라 운을 시험했다. 딱히 할 일이 없는 육칠십 대의 은퇴자들인데, 살갗은 오랫동안 열대의 햇빛을 받아 거무튀튀했고 똥배가 반바지 위로 불룩했다. 이들 모두가 아는 사실이 하나 있었다. 고집스런 열한 살배기가 일주일에 서너 번 똑같은 장소에 확고한 규율을 품은 채 찾아온다는 것. 낚시 과정은 늘 똑같았다. 낚싯줄 끝에 바늘 세 개를 매단 후, 바늘 각각에 작은 정어리 조각을 조심스레 끼웠다. 그다음에 등 뒤에 낚싯대를 매단 채 물로 달려가서는, 부서지는 파도 너머로 최대한 빨리 낚싯줄을 날렸다. 그러고선 낚싯대를 파이프 속에 끼워놓고 모래 위에 앉아 기다렸다. 노인들한테는 별로 눈길을 주지 않았다. 소년의 시선은 넋이 나간 듯 먼 수평선에서 낚싯대 끝 사이를 연신 오갔다. 소년은 그때 자기가 왜 낚시를 해야 하는지 몰랐다. 하지만 그래야 한다는 건 알았다. 혼자였으니까.

대체로 소년은 미끼 냄새를 풍기며 빈손으로 집에 돌아가거나, 기껏해야 작은 메기나 코코로카cocoroca를 몇 마리 들고 돌아가곤 했다. 코코로카는 서전트피시sergeant fish의 뼈 많은 친척뻘로서 리우데자네이루 해변에 흔하다. 소년의 형들은 으레 히죽대거나 손으로 코를 막고 고집스러운 동생을 비아냥대곤 했다. 하지만 그날은 안 그랬다. 은빛이 도는 큼직한 그림자 두 개가 15미터쯤 떨어진 파도 위에서 쏜살같이 움직였다. 소년은 낚싯줄을 재빨리 회수하여 처음 단 미끼 그대로 두 그림자가 포착된 곳 바로 뒤쪽에 던졌다.

10분 동안은 아무 일도 없었다. 풀이 죽은 소년은 낚싯줄을 감기 시작했다. 그때 갑자기 세게 당기는 힘이 느껴졌다. 대나무 낚싯대가 절반으로 휘었는데, 생전 느껴본 적이 없던 강한 힘이었다. 두 팔이 후들거렸다. "상어다!" 소년이 외쳤다. "상어다!" 근처에 있던 나이 든 낚시꾼 둘이 낚싯대를 내팽개치고 뛰어왔다. 누군가 거기서 상어를 잡은 건 여러 해 전의 일이었다. 소년은 온 힘을 다해 낚싯대를 붙잡은 채로 물가로 달려가 낚싯줄을 당기려 했다. 하지만 손잡이를 옆으로 틀기엔 역부족이었다. "끊어지겠네! 줄이 끊어지겠어!" 한 노인이 외쳤다. "애야, 줄을 조금 풀어줘라! 물고기가 움직이게 해주라고!" 소년은 머리부터 발끝까지 떨면서 실감개를 풀었다. 줄이 휘리릭 풀리자 물고기는 자기 운명의 통제권을 되찾으려고 했다. 그 힘센 포식자가 훨씬 더 힘센 포식자인 어리둥절한 열한 살 소년의 사냥감이 되고 말았다. 약 10분간의 줄다리기 끝에 소년은 마침내 물고기를 뭍으로 끌어올렸다. 상어는 아니었다. 크긴 컸는데, 소년이 코파카바나 해변에서 잡았거나 보았던 그 어떤 물고기보다 더 컸다. 은빛이며 옆면이 평평했고 꼬리지느러미가 크고 노랬다. 아마도 4킬로그램 남짓의 어린 날개다랑어 같았다. 볼수록 멋진 생명체였다.

　　소년을 둘러싼 낚시꾼들이 그 광경에 놀라워했다. 한껏 우쭐해진 소년은 낚시 장비를 챙긴 다음 물고기를 머리부터 바구니에 집어넣으려고 했다. 하지만 바구니가 비좁았다. V자 모양의 꼬리지느러미가 드러난 채로 소년은 두 블록을 걸어 집으로 돌아왔다. 도중에 행인들이 깜짝 놀라는 표정을 지어도 짐짓 못 알아보는 척했다. 대문을 열고 들어가 물고기를 주방 조리대 위에 올려놓았다. 오십 대의 몸집이 큰 흑인 여자 요리사가 뛰어왔다. "린다우라 아줌마, 내가 오늘 저녁거리로 뭘 잡아왔는지 보세요!" 소년이 말했다. "오늘 할아버지가 오시죠, 네?" 요리사는 믿을 수 없다는 표정으로 물고기를 바라보았다. "네가 이걸 해변에서 잡았다고?" 소년은 빙글 웃으며 대답했다. "제가 잡았어요. 게다가 아무한테도 도움을 받지 않고서요. 이 월척을 보면 아무도 비웃지 못할걸요."

내가 그 소년과 다시 이어지는 데 30년이 넘게 걸렸다.

강은 받은 대로 되돌려준다

바쁘게 사느라 나는 소년과 큰 물고기 이야기를 잊었다. 나는 고개를 들어 우주를 바라보았고, 이론물리학자가 되었고, 얼마 전까지만 해도 과학적이라고 여기지 않은 다음 질문들에 관심을 두었다. 우주는 어떻게 존재하게 되었을까? 별, 행성 그리고 사람들을 구성하는 모든 물질은 어떻게 존재하게 되었을까? 그리고 생명은? 어떻게 생명이 없는 원자들이 처음에 함께 뭉쳐서 생명체가 되었는지, 그 후 생각하는 뇌가 되었는지 우리가 행여나 이해할 수 있을까? 그리고 여기에 생명이 존재한다면, 다른 어디에서도 존재할 수 있을까? 무한한 우주 어딘가에는 다른 지적인 생명체들이 존재할 수 있을까? 십 대인데도 나는 존재에 관한 그런 근본적인 질문들이 초자연적 행위자를 끌어들이지 않고서도 합리적인 방법으로 설명될 수 있다는 데 감탄했다. 적어도 우리는, 완전히는 아니라 일부만이더라도, 그런 질문들에 답을 하려고 시도할 수는 있다. 알고 보니, 가치는 시도하는 데 있었다. 이른바 과학이라는 이 끊임없는 발견의 과정에 참여하는 데 있었다.

지금 돌이켜 생각하면, 낚시와 명상으로 보낸 그 긴 오후들은 나중에 생길 일의 서막이었다. 어쨌거나 낚시는 우리한테 침착하고 너그럽고 겸손하라고(과학 연구에 필요한 핵심 자질들) 가르친다. 낚시꾼들은 얼마나 자주 그날 잡을 물고기를 꿈꾸며 낚싯대를 들고 물가로 갔다가 결국 빈손으로 돌아오고 마는가? 마찬가지로 과학자들은 얼마나 자주 며칠이나 몇 주, 몇 달을, 심지어 몇 년 동안 한 아이디어를 열심히 궁리하다가 결국에는 그것이 헛짓이었음을 어쩔 수 없이 인정하고 마는가? 낚시와 꼭 마찬가지로, 번번이 실패하면서도 과학자들은 계속 도전을 한다. 설령 성공 확률이 꽤 낮더라도 말이다. 스릴은 희박한 확률을 깨는 데, 가끔씩 큰 물고기라든가 세계에 관한 새로운 무언가를 밝혀낼 아이디어를 건져 올리는 데 있다.

낚시에서나 과학에서나 우리는 잡기 어려운 것과 노닥거린다. 물을 가만히 살펴보면 때때로 물고기가 수면 바로 밑에서 휘젓고 다니기도 하고 가끔은 도약하여 자신의 존재를 드러내기도 한다. 하지만 수중세계는 우리가 사는 곳이 아니므로, 우리는 실제로 수면 아래에서 무슨 일이 벌어지는지 그리고 빛의 굴절이나 온갖 현상에 대해 추측만 할 수 있을 뿐이다. 낚싯줄과 미끼는 우리가 아주 불완전하게 엿볼 수 있을 뿐인 이 다른 세계로 들어가는 탐사선이다.

"자연은 숨기를 좋아한다"라고 2천 5백 년쯤 전 그리스 철학자 헤라클레이토스가 썼다.[1] 우리는 주위에서 실제로 무슨 일이 일어나는지 제대로 모른다. 과학은 보이지 않는 영역을 살피는 탐사선이다. 그곳이 박테리아, 원자, 소립자 등의 매우 작은 세계이든 아니면 별, 은하 및 우주 전체라는 매우 큰 세계이든. 우리는 그런 세계를 탐험 도구들(실재reality 증폭기)을 통해 들여다본다. 망원경이나 현미경 같은 탐지 장치들이 여기에 포함되는데, 낚시꾼의 낚싯대와 낚싯줄에 비견되는 자연과학자의 도구인 셈이다. 꾸준할 수만 있다면, 가끔씩 우리는 자연이 휘젓거나 심지어 도약하는 모습을 보게 된다. 뜻밖의 것의 단순한 아름다움을 드러내면서 말이다.

나는 브라질을 떠나서 영국에서 박사학위를 받았다. 그런 다음 미국으로 건너가 박사후 과정을 밟았고, 결혼을 했으며, 다트머스대학교의 교수가 되었고, 세 아이를 가졌고, 이혼을 했으며 그 와중에 몸무게가 10킬로그램이나 줄었다. 정서적 상실감을 트윙키와 빅맥으로 채우지 않는 사람한테는 슬픔이야말로 매우 효과적인 다이어트 방법이다. 이혼은 작은 죽음, 즉 꿈의 죽음이자 관계의 죽음이다. 가장 사랑하는 사람들, 그러니까 자녀들에게 고통을 줄 수밖에 없기 때문이다. 돌이킬 수 없는 상실감으로 자녀들의 순진무구한 마음을 짓밟았기 때문이다. 그건 내 인생에서 가장 힘든 결정이었다. 하지만 '자녀를 위한답시고' 잘못된 관계를 유지하다가는 주변 사람들한테 재앙이 되고 만다. 그건 자기를

---

1. 만약 이 표현이 헤라클레이토스가 쓴 그대로가 아니라면(전문가들은 그렇게 보는데, 왜냐하면 이 문구가 적힌 현존하는 원고가 없기 때문이다) 아마도 오랜 세월 그의 말이 정제되어 남은 결과일 것이다.

저버리는 짓이다. 스스로를 수렁에 빠뜨리기에 결국 아이들도 저버리게 된다. 당신이 할 수 있는 것이라고는 있는 그대로 보여주고 사정을 설명하며, 아이들이 자라면서 이런저런 상황을 겪는 도중에 이해하게 되길 바라는 것뿐이다. 용서까지 해준다면 더할 나위가 없다.

나는 운이 좋았다. 새로운 동반자를 만나 다시 결혼을 했고, 아들 둘을 얻었고, 새 인생을 열어나갔다. 누군가를 천생배필이라고 부르면 냉소적인 사람들은 순진해빠졌다고 놀리겠지만, 나는 현실에서 지금 아내보다 더 나은 인연은 상상할 수도 없다. 게다가 그 인연은 벌써 19년째다. 카리는 정신적으로나 물질적으로 많은 걸 주었고, 덕분에 내 삶은 달라졌다. 그중에서도 특히 지금 가장 중요한 것을 꼽자면 사흘짜리 플라이낚시fly-fishing 과정이다.

어느 따사로운 봄날 오후, 우리는 뉴햄프셔주의 하노버에 있는 다트머스그린Dartmouth Green. 다트머스대학교 내의 한 구역을 거닐고 있었다. 희한하게도 사람 여덟 명이 모여서 긴 낚싯대를 허공에 휘두르고 있었는데, 마치 보이지 않는 거인과 싸움이라도 벌이는 듯한 모습이었다. 그 무렵 나는 다트머스대학교에서 물리학 교수로 일하고 있었다. '자연철학 애플턴 교수'라는 멋진 직함의 소유자였는데, 그 지위 덕분에 나는 똑똑한 학생 수백 명을 가르쳤고 자연의 작동 방식을 마음껏 궁리할 수 있었다. 누군가는 그걸 일이라고 부른다. 하지만 나는 특권이라고 여긴다.

낚싯대를 휘두르는 모습에서 눈을 뗄 수가 없었다. 그

들의 몸짓이 오래된 신경에 스파크를 일으키면서 잠자던 기억을 되살려냈다. 빨간 야구 모자를 쓴 단신의 남자가 이 사람 저 사람 사이를 뛰어다니면서 설명을 해주고 손을 잡는 올바른 위치를 알려주고 자세를 잡아주었다. 안달하면서도 늘 웃는 표정이었고, 가끔은 낚싯대를 잡고서 캐스팅casting. 플라이낚시에서 가짜 미끼인 플라이를 단 낚싯줄을 날려서 수면 위의 원하는 지점에 닿게 하는 행위하는 법을 시연하기도 했다. "네 박자예요, 여러분. 위로 낚싯대, 뒤로 낚싯줄, 앞으로 낚싯대, 앞으로 낚싯줄! 아시겠죠? 한 시 방향에서 들어 올려서 열한 시 방향으로 가야 해요! 손목에 힘 꽉 주시고!" 릭 해멀 씨는 진정한 명인이다. 비록 그를 아는 사람 어느 누구도 그렇게 부르진 않지만.

나는 부러운 눈빛으로 낚싯대와 허공을 아름답게 가르는 형광 초록색의 플라이 낚싯줄을 바라보았다. 낚싯줄은 50미터 남짓 앞쪽에 날아가 떨어졌다. 계곡 물가에서 아주 긴 지휘봉을 든 지휘자가 단원들에게 공연 리허설을 하는 장면 같았다. 원인과 결과가 있었고, 흥분과 결합된 규율이 있었으며, 미지의 세계로 뛰어드는 사람이 있었다. 대나무 낚싯대를 들고 해변에 혼자 있는 소년의 모습이 스쳤다. 그 모습이 나를 사로잡았다.

"결혼기념일에 당신에게 뭘 줘야 할지 알겠네요." 저녁 식사 때 내 마음을 꿰뚫어 본 아내가 눈을 반짝이며 말했다.

덕분에 그해 가을에 릭 씨의 플라이낚시 과정을 들었다. (고가의!) 장비를 샀고, 두어 번 물가로 나갔고, 어설픈 내

실력에 좌절했고, 시간을 내서 캐스팅 연습을 해야겠다고 다짐했고, 살면서 종종 그러듯이 다짐대로 하지 못했다. 제대로 배울 만한 여건이 아니었다. 일에 너무 치여 있었다.

플라이낚시는 소풍이 아니다. 낚싯줄을 다루고, 캐스팅하고, 물밑 상태를 읽어내고, 어떤 플라이를 사용할지 선택하고, 돌 위에서 미끄러져 급류에 곤두박질치지 않도록 만전을 기하려면⋯⋯. 인생의 모든 가치 있는 일에서와 마찬가지로 온 마음을 다해 임해야 한다. 낚싯대를 움직이는 건 손일지라도 그 손을 움직이는 것은 정신이다. 연습하면 기법을 배울 수는 있겠지만, 기품이 묻어나려면 다른 무언가가 필요하다. 물질과 정신을 연결해 내기란 쉽지 않다. (만약 이런 소리를 릭 씨가 듣는다면 아마 눈을 동그랗게 뜨고선 낚싯대로 내 머리를 때리지 싶다. 하지만 젠장, 나는 낭만주의자라는 사실.)

두어 해가 지나도록 나는 낚시를 많이 하지 못했다. 카리가 캐물었다. "어째서 플라이낚시를 하러 물가에 가지 않는 거죠? 여보, 한 번 더 해봐요. 일 좀 그만하고요. 나가서 좀 놀라니까요!"

뜨끔한 말이다. 어째선지 과정을 밟고 난 후에도 나는 기나긴 뉴잉글랜드의 겨울을 몇 번이나 그냥 흘려보냈다. 낚시와 다시 인연을 맺고 싶게 만든 온갖 추억을 뒤로한 채로. 진흙과 회색 풍경 속에서 봄이 반짝 왔다가 지나고 나면 여름이 왔고, 평소처럼 가족 여행을 갔고, 친구와 친척이 찾아왔고, 조바심이 나는 일거리들이 여기저기서 생겼고, 써야 할 책과 논문이 있었다. 그러다 보면 어느새 여름 지나

가을이 왔고, 나의 마른 플라이는 계속 말라 있었다.

이런, 이제 그만! 몇 년 전 내 안에서 무언가 외치는 소리가 들렸다. 그 길로 나는 8월 중순 어느 날 새벽 다섯 시에 일어나 길을 나섰다. 그러고는 나중에 나의 낚시 안식처가 될 코네티컷강으로 향했다(음, 물고기가 드문 곳이라 낚시 안식처라기보다는 그냥 안식처에 더 가깝긴 하지만). 왜 그때였는지는 잘 모르겠다. 어떤 정서적 반응이 저절로 생겨나서 종종 우릴 기습할 때가 있는 법이다. 나는 영어로 쓰인 두 번째 저서 집필을 막 끝냈고, 연구도 순조로웠고, 강의도 맡지 않고 있었다. 다른 감정들이 흘러들어 올 여유가 있었던 셈이다. 게다가 우리 집 바로 바깥에서 강이 손짓하고⋯⋯. 몇 분 만에 나는 무릎이 잠길 정도로 강물에 들어가서 플라이 낚싯대를 위아래로 휘두르고 있었다. 상상 속의 지휘자가 된 듯했다. 물고기가 음악을 들을 수 있을까? 수세기 전으로 거슬러 올라가는 오랜 숭고한 전통과 이어진 느낌이 들었다. 그리고 만약 우리가 플라이낚시에서 근래의 발명품인 "플라이"를 빼면, 인류의 여명기로 되돌아간다. 수렵·채집기의 우리 조상들이 물에서 먹이를 잡으려고 도구를 고안했을 때의 시기로 말이다. 아쉽게도 릭 씨의 강습은 그 순간을 자꾸 앗아간다. "네 박자예요, 여러분. 위로 낚싯대, 뒤로 낚싯줄⋯⋯."

나는 집중해야 했다.

밤은 차가웠다. 안개가 애써 작별을 고하려는 연인처럼 물 위에 어른거렸다. 새벽은 검은 동녘 하늘을 가르는 은빛

칼날이었다.

주위를 둘러보았다. 맑은 물이 바쁘게 흘러갔다. 저 멀리 애스커트니산의 분홍빛 윤곽이 어둠 속에서 머뭇머뭇 나타났다. 엔도르핀에 흠뻑 젖은 신경들이 원시적 만족감에 젖어 움찔거리자 나는 부르르 떨었다. 오랜 세월 나는 어디에 있었던가? 해변에 앉은 소년이 나를 보고서 미소 지었다. 그리고 말했다. "때가 되었어요. 이리 와요."

불가해한 힘이 주위에 몰려들었다. 나는 세례를 앞두고 있었다. 소년이 내 손을 잡아 물속으로 한 걸음 이끌었다. "두려워마요. 나도 그리웠어요." 소년이 말했다. 나는 물에 비친 어린 나에게 미소를 지었다. 시간은 너무 빨리 흐른다. 언제나 더 빠르게.

첨벙, 첨벙, 첨벙. 소년은 나에게 세례를 해준 뒤 사라졌다. 내 삶은 달라질 터였다. 수도원으로 들어간 셈이었다.

마법이 나를 감쌌다. 달, 물고기, 정적. 거기 물속에 혼자 있을 때 아무것도 중요하지 않았다. 다른 모든 건 아침 이슬처럼 흩어졌고, 원시적 만족감만 오롯이 남았다. 내 가슴이 파티용 풍선처럼 부푸는 것만 같았다.

나는 낚싯대를 준비했다. 길이는 약 2.7미터에 6웨이트이며 녹색의 플로팅 플라이 라인과 2x 리더가 끼워져 있다.[2] 드넓은 코네티컷강에서는 큰 플라이를 즐겨 사용한다. 영광스럽게도 날 찾아오는 물고기들이 상당히 큰 편이기 때문이다. 송어가 있기에는 물이 너무 따뜻했기에 나는 배스(이 지역에 흔한 작은입smallmouth 배스)를 잡기로 했다. 여기서는 빨간 줄무늬의 노란색 플라이가 잘 통하는 것 같다. 하지만 성공을 거듭하려고 애쓰는 모든 낚시꾼은 낚시에 절대적인 법칙이 없음을 잘 안다. 단지 짐작할 뿐이다. 마치 밤 열 시 이후 리우데자네이루의 신호등처럼.

나는 낚시에서 발견한 놀라운 자유를 과학 연구와 연관시키길 좋아한다. 둘 다 자연 현상들이 따르는 자연법칙과 같은 기본적 규칙들을 가지고 있다. 하지만 진짜 재미는 그런 법칙들 내에서 자유를 찾는 일, 또는 법칙들을 넘어서 평범한 것 아래에 도사린 뜻밖의 것을 발견하는 일에 있다. 물질은 지구 안팎의 광대한 공간 내에서 얼마나 경이로운 도안design들을 낳을 수 있을까? 큰 바위 아래엔 얼마나 굉장한 물고기가 숨어 있을까?

코네티컷강은 내 안식처 중에서도 꽤 역동적이다. 몇 킬로미터 떨어진 상류의 와일더댐 때문에 수심이 줄곧 얕고, 가끔씩 여기저기에 깊은 웅덩이가 생기기도 한다. 물은 어떤 데선 빠르게 흐르며, 수문이 열릴 때면 꽤 빨리 수위가

2. '리더leader'는 보통의 낚싯줄처럼 가볍고 투명한데, 거기에 '플라이'를 묶는다. 보통의 낚싯줄과 차이점이라면 끝으로 갈수록 가늘어진다(이 끝부분을 가리켜 종종 '티핏tippet'이라고 한다). '2x'는 리더의 상대적 두께, 따라서 강도를 나타낸다. '6웨이트weight'는 낚싯대의 힘, 즉 얼마나 두꺼운지를 나타낸다. 민물낚시에서는 작은 개울에서부터 큰 개천까지 보통 1웨이트에서 6웨이트까지의 낚싯대가 필요하다. 바다낚시에서는 더 무거운 웨이트가 쓰인다. '플로팅 플라이 라인floating fly line'은 색깔이 있는 두꺼운 낚싯줄로서 리더와 맨 앞에 달린 플라이를 날려 보내는 역할을 한다. 낚시 상황에 따라 플로팅, 싱킹sinking 또는 부분 플로팅partially floating 플라이 라인이 필요하다. 어느 걸 선택할지는 물고기가 플라이를 무는 깊이와 유속에 달려 있다.

높아질 수 있다. 나도 어느 날 늦여름 오후에 아찔하게 탈출했던 적이 있다. 내 품에서 비명을 질러대는 두 아이를 안은 채 미끄러운 돌 위에서 균형을 잡으면서 무릎 높이의 물을 헤쳐 나왔다. 강을 과소평가하지 말 것. 나는 금세 배웠다.

댐과 산업용 수차가 있기 전인 1800년대 초반에 이 굉장한 수로가 어떤 모습이었을지는 이제 상상만 할 수 있을 뿐이다. 연어가 너무나 많아서 뭍에서 작살로도 잡을 수 있었다. 어떤 글에서 읽었는데, 그 무렵 연어가 수십만 마리였다고 한다. 음, 지금은 연어가 없는데…… 적어도 내가 본 적은 없다. 연어가 물길을 거슬러 올라가려면 굉장히 높게 점프해야 했을 것이다. 그러니 배스면 됐다. 재미있긴 매한가지다.

흰머리수리 한 마리가 고요히 하늘 위를 날았다. 날개를 거의 퍼덕이지 않고 공기를 가르며. 이 영리한 녀석은 압력과 부피 사이의 관계를 규정하는 보일의 기체 법칙을 훤히 안다. 알 뿐만 아니라 그 법칙을 멋지게 이용해서, 팽창하는 뜨거운 공기 방울을 타고 위로 떠오른다. 이 새가 속한 종은 우리보다 훨씬 더 오래전부터 그걸 알고 있었다. 이 법칙에 통달한 독수리를 보고서 나는 많은 방식의 앎이 존재함을 깨달았고 겸손을 배웠다. 자연에 관한 지식은 꼭 과학적이거나 심지어 인간 중심적이지 않아도 된다. 우리는 아는 게 별로 없다. 교만한 과학자는 깃털이 숭숭 빠져 있는데도 자신을 비출 거울이 없는 공작과 비슷하다. 꼭 과학자만이 아니라 모든 교만한 사람도 마찬가지다. 교만은 남을 다치게 하고 스스로 타락시킨다. 내 할아버지는 이렇게 말씀하시곤 했다. "머리보다 큰 모자를 쓰면 눈이 덮여버린단다."

인간의 한계를 논하는 와중에 괜찮은 배스를 낚았다. 아니 어쩌면 배스가 저절로 낚였다. 플라이가 물에 닿기도 전에 그 녀석이 공기 중으로 도약하여 플라이를 물어버렸으니까. 퍽 장관이었다. 사실은 너무 대단한 장관이어서 마음이 흐트러지는 바람에 낚싯줄을 너무 느슨하게 풀어놓고 말았다. 그 용감한 사냥꾼은 몸을 비틀어 미끼에서 벗어나 탈출에 성공했다.

몇 시간 동안 여러 번 캐스팅했는데도 성과가 없었다. 이제 해가 떠올라 이슬처럼 맑은 아침 풍경에 햇살을 비추고 있었다. 천국이 따로 없었다. 여기로 오는 데 나는 왜 그렇게 오래 걸렸을까?

답은 나 자신이 잘 안다. 살다 보니 강에서 멀어진 것이다. 일이 너무 많았다. 시간을 내지 못했다. 언제나 써야 할 연구 논문들이 있고, 참석할 회의가 있고, 맡아야 할 학생들이 있고, 물론 가족도 챙겨야 한다. 안 그래도 됐을 테지만 나는 그런 삶을 살아왔다. 해법은 의외로 단순하다. 시간 관리를 더 잘하고…… 욕심을 조금 줄이는 것. 충분히 이루었다고 느끼려면 도대체 우리는 얼마만큼 이루어야 할까? 돌이켜 보니 그런 압박에서 조금 벗어날 준비가 되어서야 플라이낚시를 온전히 받아들일 수 있었다. 적어도 직장에서 일해야 한다는 압박감에서 벗어나서 말이다. 그래도 어쨌든 일을 많이 했으니 여기까지 오긴 했다. 하지만 우리는 다양한 자극을 받을 필요가 있다. 단 하나의 활동에 집중하기란, 적어도 나로서는, 나쁜 (그리고 지루한) 선택이다. 여우와 고슴도치의 두 세계서양에서 여우는 여러 가지 일에 능하고 고슴도치는 한 가지 일에 능하다는 인식이 있다에서 (물론 의욕적으로 한 길을 가는 고슴도치를 마땅히 존중하면서도) 나는 여우가 되는 쪽을 선택했다.[3] 바쁘게 살다 보면 "할 만큼 했으니 이제 다른 걸 해봐야지. 내면을 성찰하고, 나 자신에게 시간을 조금 더 써야겠어"라고 말하기 어렵다. 새해 결심이 모조리 실패하는 데서 알 수 있듯이 실천이 가장 어렵다. 하지만 일단 하기로 결심하고 나서 강에 시간을 조금 내어주면 강도 내 자신의 일부를 되돌려준다. 강은 정말로 그럴 수 있다. 허락만 해준다면 강은 당신 자신을 당신에게 되돌려 줄 수 있다.

배스 한 마리가 또 걸렸다. 하지만 이번에도 놓쳤다. 이유는 역시 줄이 풀려서다. 플라이낚시에선 놀랄 일은 아니다……. 1년 남짓 낚시를 하지 않으면 이런 법이다. 이전에 선택을 잘못한 벌을 받는 셈이다. 캐스팅이 어설프고 낚싯줄 다루기가 어설프니 물고기가 달아날밖에.

어쨌든 나는 스릴을 되찾았다. 만약 플라이낚시가 쉬웠

---

3. 여우 이야기가 나왔으니 말인데, 내가 '오직' 플라이낚시만 하진 않는다는 걸 밝혀야겠다. 나는 산길 달리기와 장애물 경주에도 열심이며, 특히 스파르타식 달리기를 좋아한다. 자산관리자가 늘 나에게 투자 포트폴리오를 다양화하라고 말하듯이 나는 인생에서 우리의 활동 포트폴리오도 다양화해야 한다는 주장을 신봉한다.

다면 신비로움도 없을 테며, 인생에 대한 비유가 되지도 못할 테다.

나는 실력을 키우기로 결심했다. 과학과 마찬가지로 낚시에도 스승의 가르침이 필요하다. 플라이낚시하는 법을 배우고 싶다면 스승이 있어야 한다. 과학자가 되고 싶다면 박사학위 지도교수가 필요하듯이. 일대일 고급 강습은 극소수의 예외를 빼고는 두 분야에서 성공의 열쇠다. 나는 릭 씨의 강습 과정을 끝낸 다음의 과정이 필요했다. 수도원으로 가는 첫 단계는 고작 현관까지만 나를 데려다주었다. 안타깝게도 어느 승려도 내게 손짓하면서 내면으로 향하는 다음 단계를 안내해 주지 않았다. 거기서 더 어디로 가야할지 도통 몰랐다. 하지만 결심이 흔들릴 때면 어김없이 소년이 나타나 이렇게 타일렀다. "자, 분발 좀 하자고요! 한참을 기다렸더니 이제야 정신을 차리셨네요."

진실한 마음으로 그 수도원에 들어간다면, 나올 땐 다른 사람이 되어 있을 것이다.

◆ ◆ ◆

책상에 앉아서 어떤 스승을 찾아야 할지 그리고 어떤 유형의 플라이낚시를 배워야 할지 궁리하고 있는데, 이메일이 한 통 왔다. 영국 서식스대학교에 있는 동료 교수 마크 힌드마시가 보낸 것이었다.

"마르셀로 교수님, 더럼대학교에서 고전장 이론에 대한

워크숍을 개최할 건데 참가해 주면 좋겠네요. 영국 물리학자들만 모이는 작은 모임이고요. 미국인 대표로 와주세요."

'더럼이라…….' 나는 생각했다. '멋진 레이크디스트릭트 바로 옆이네. 호수+강=송어…….' 즉시 답장을 보냈다. "갈게요!"

그래서 이 책을 쓰자는 생각이 떠올랐다. 과학자다 보니 나는 우주의 기원에서부터 생명의 기원, 나아가 자연법칙의 의미에 이르기까지 온갖 주제의 이런저런 회의에 참석하느라 전 세계를 다닐 특권을 누린다. 세계 각지의 회의에 다닐 때 플라이낚시를 하는 경험을 모아서 여행 체험기를 쓴다면 어떨까? 오롯이 나로 존재하게 해주는 두 가지 활동을 결합하는, 독특한 방법인 것 같았다. 이 경험을 글로 쓰면 훨씬 더 의미 있을 터였고, 특히 사람들과 공유할 수 있다면 더더욱 그랬다. 내가 예상하지 못했던 건 그런 경험이 가져다줄 깊은 변혁의 힘이었다.

독자에게 드리는 말씀

당부를 드리자면, 이 책은 고귀한 지혜와 놀라운 낚시 여정의 영광스런 이야기들을 전하는 고수 플라이낚시꾼fly-fisherman의 체험기가 아니라, 플라이낚시 기법과 인생살이를 배우는 성실한 견습생의 글이다.[4] 만약 여러분이 플라이낚시 하는 법을 안다면, 이 책은 기법 향상에 큰 도움이 되진 않을 테다. 만약 모른다면, 아마도 이 고상하면서도 우리를 겸손하게 만드는 스포츠에 관해 무언가 배우는 바가 있을 것이다. 어느 쪽이든 간에 여러분이 플라이낚시를 완전히 새롭게 알게 되기를 바란다. 가장 중요하게는 우주에 관해, 그리고 과학이 어떻게 의미를 찾는 인류의 길에 이바지하는지에 대해 한두 가지를 배우길 바란다. 정말이지 설령 여러분이 낚시라면 그 누구보다도 더 관심이 없는 가여운 영혼일지라도 이 책은 읽어나갈 수 있다. 내 삶에서(그리고 이 책에서) 낚시란 대체로 자연현상이라는 외부세계는 물론이고 나 자신이라는 내부세계로 가는 통로이다. 어떤 이는 다과회에 참여하거나 궁술을 배우기도 하고 누군가는 자전거로 미국을 가로지르거나 애팔래치아 트레일을 따라 하이킹을 하지만, 나는 플라이낚시를 한다. 최종 목표는 똑같다. 인생을 의미 있게 사는 것. 일전에 인생의 의미가 무엇인지 약간 멋쩍어하며 내게 물었던 기자에게 대답했듯이, 인생의 의미는 인생의 의미를 찾는 데 있다. 이 책은 내가 의미를 찾아가는 이야기다.

4. 비록 이 책에서 나는 "fisherman"이라는 단어를 사용하지만, 이것이 남성용 책이라거나 플라이낚시가 오직 남성의 활동이라는 뜻은 결코 아니다. 정반대로 나는 여러 번이나 고수 여성 플라이낚싯꾼fly-fisherwoman들 덕분에 제자리를 찾았다. 하지만 중성적인 단어인 "fisherperson"은 매우 부자연스럽게 들린다.

1

영국,
컴브리아주,
레이크디스트릭트

> 예상 밖의 것은
> 예상하지 않으면 찾지 못한다.
>
> - 헤라클레이토스

풀 수 없는 수수께끼에 관하여

여행이 시작되었다. 'Fly-fishing Lake District(레이크디스트릭트에서 플라이낚시하기)'라고 구글에 검색했다. 빙고! 갈 곳도 많을 뿐더러 자연 그대로의 강과 호수 들에는 언제 가느냐에 따라 송어와 살기grayling 그리고 물론 연어도 가득하다는 결과가 나왔다. 80년대 중반 영국에서 대학원 시절을 보낼 때 여자친구와 함께 레이크디스트릭트 이곳저곳을 하이킹한 적이 있다. 숨 막히게 아름다운 황량한 언덕과 따뜻한 살결이 흐릿한 기억 속에 아직도 남아 있다. 그땐 낚시는 안중에도 없었다.

다음 단계는 가이드를 고르는 일이었다. 준비할 시간이 며칠밖에 없었는데, 급한 대로 레이크디스트릭트에서 주로 활동하는 가이드 세 명에게 이메일을 보냈다. 그중 세 번째인 제러미 루카스 씨와 함께 가기로 했다. 이유는? 음, 제러

영국, 컴브리아주, 레이크디스트릭트

미 씨가 그 유명한 이든강에 데려다주겠다고 말했기 때문이다. 그런 멋진 이름을 지닌 강을 외면할 순 없었다.

결국 아주 다행스러운 선택이었다. 알고 보니 제러미 씨는 내게 꼭 필요한 종류의 가이드 겸 스승이었다. 당시 영국 플라이낚시 팀의 멤버였으며, 가장 최근의 월드챔피언십에서 은메달을 딴 실력자였다. 내 마음이 어땠겠는가? 어설픈 견습생이 그런 대가한테서 배우게 된다는 말씀! 허둥댈까 봐 벌써 마음이 초조해졌다. 나는 캐스팅도 한참 미흡하고 전반적으로 배워야 할 게 많았다. 부처의 유명한 격언을 자꾸 떠올렸다. "모든 시작은 흐릿하다." 다행히도 선생이 되어 보면 좋은 학생이 되는 법을 알 수 있다. 돌이켜 보면 나도 교수로서 초심자부터 우수자까지 온갖 수준의 학생들을 맡았다. 내가 초심자로서 노력하는 동안 제러미 씨가 친절하고 참을성 있게 대해주면 좋겠다고 내심 바랐다. 알다시피 무언가를 배우려면 배우길 **원해야** 한다. 세상에서 가장 위대한 교사라도 가르침을 받고 싶지 않은 이를 가르칠 수는 없다. 그런데 나는 정말로 배우고 싶었다. 그래서 그 길로 발걸음을 내디뎠다.

◆ ◆ ◆

때때로 무슨 일이든 나름의 이유가 있을 것만 같다. 누구는 이 사건을 다행스러운 우연이라고 하고, 누구는 하나님 내지는 여러 신들의 뜻이라고도 하며, 또 누구는 인연이라고 본다. 무신론자인지라(이에 대해서는 나중에 더 자세히 이야기하겠지만), 나는 다행스러운 우연 쪽을 좋아하는 편이다. 초자연적인 개입은 무리한 가설이라고 생각한다. 사실, 초자연적 영향이라는 개념 자체가 전혀 말이 되지 않는다. 어쨌거나 "영향"은 물리적 발생이나 사건을 가리킨다. 그리고 발생은 어떤 종류의 에너지 교환을 통해 물리계에서 벌어진다. 에너지 교환이나 힘은 뭐든지 엄연한 자연현상이며 자연적 원인을 필요로 한다. 달리 말해서, 초자연적인 것은 어떤 식으로든 지각되거나 감지될 만큼 물리적인 것이 되자마자 더 이상 초자연적인 것으로 남아 있을 수 없다. 따라서 "초자연적 영향"이란 말은 형용모순이다. 그렇지만 나도 살면서 논리적인 설명을 거부하는 사건을 몇 번 겪긴 했다. 어쨌거나 내가 내놓을 수 있는 논리적 설명을 모조리 거부하는 사건 말이다. 비록 내 입장은 모든 것을 설명하는 능력을 신봉하는 이들, 특히 과학자들한테는 적잖이 충격적으로 들릴지 모르겠지만, 분명 어떤 것들은 설명이 불가능하다. 사실 나는 한 술 더 떠서 이렇게 주장하겠다. 설명 불가능성(여전히 과학의 영역인, 아직 설명되지 않은 것과는 다른 영역)은 불가피하다고. 게다가 그런 점은 반겨야 할 일이다.

우리는 수수께끼에 둘러싸여 있다. 우리가 모르는 것, 그리고 좀 더 극적으로 말해서 우리가 알 수 없는 것에 갇혀 있다. 지식의 섬에 관한 비유를 하나 들어보자. 이건 내가 최근에 쓴 어느 책에서 자세히 설명했는데 여기서는 간략하게만 소개한다.[5] 만약 세계에 대한 축적된 지식이 하나의 섬을 이룬다면, 그 섬은 우리가 더 많이 배울수록 커진다(가끔씩 작아질 수도 있는데, 오류가 있는 이론이나 설명을 버릴 때가 있기 때문이다). 모든 섬이 그렇듯이 이 섬은 바다에 둘러싸여 있다. 이 바다는 무지의 바다이다. 하지만 여기에 반전이 있다. 섬이 커지면, 아는 것과 모르는 것 사이의 경계인 무지의 해안선도 커진다. 달리 말해서 새로운 지식은 새로운 무지를 낳는다. 자연에 관한 질문을 멈추지 않는 한 우리의 탐구에는 끝이 있을 수 없다. 게다가 무지의 바다 곳곳에는 알 수 없음의 영역들, 즉 과학 탐구의 영역을 넘어서는 질문들이 존재한다. 이 문제는 나중에 더 자세히 이야기해 보자.

고성능이긴 하지만 우리 뇌에는 한계가 있다. 과학 탐구의 도구들, 우리가 세계에 관한 데이터를 모으는 데 사용하는 기계들도 마찬가지다. 모든 측정 장치는 범위 및 특정한 정밀도를 갖고 있다. 망원경은 어느 정도 먼 거리까지만 '볼' 수 있다. 즉 특정한 거리 내의 광원에서 오는 빛만 모을 수 있다. 그 범위를 넘어선 모든 것은 설령 진짜로 존재하더라도 보이지 않는다. 물론 현미경도 마찬가지다. 아주 작은 것은 설령 존재할지라도 탐지에 걸리지 않을 수 있다. 비록 육안으로 볼 수 있는 것들만큼이나 실제적이라고 해도 말이다. 만약 존재하는 가장 작은 실체인 아원자 입자의 세계 속으로 계속 들어가면, 물질의 핵심을 얼마나 깊이 살펴볼 수

---

5. *The Island of Knowledge: The Limits of Science and the Search for Meaning* (Basic Books, 2014)

있을지는 우리가 만들 수 있는 기계에 달려 있다. 유럽원자핵공동연구소CERN에 있는 대형강입자충돌기LHC와 같은 입자가속기도 특정한 한계까지만 물질을 조사할 수 있다. 그 한계 너머에 존재하는 모든 것은 탐지되지 않는다. 기계의 정확도를 높여서 더 짧은 거리를 조사할 수도 있지만 그렇다고 무한정 정확도를 높여서 0의 거리까지 조사할 수는 없다. 완벽하고 정확히, 모든 것을 보는 측정은 불가능하다. 존재하는 것의 일부는 우리 눈에 영원히 맹점으로 남는다.

결론적으로, 과학이라는 점점 더 커지는 지식의 집합체조차 존재하는 것을 모두 설명할 수 없다. 설명해야 할 대상이 무언지를 우리가 모조리 알지는 못한다는 단순한 이유 때문이다. 어떻게 질문한 것을 모두 알 수 있단 말인가? 알아야 할 모든 것을 알 수 있다는 가정은 일부 사람들이 얼마나 교만할 수 있는지를 보여줄 뿐이다. 또한 그것은 어떻게 과학이 지식을 생산하는지에 관해 우리가 배웠던 모든 내용과도 상충된다.

과학의 한계를 드러내는 내 주장을 두고 위험한 패배주의로 여기는 이들이 있을지 모른다. 마치 내가 "적에게 도움을 준다"는 듯이 말이다(실제로 그런 비난을 받은 적이 있다). 하지만 말도 안 되는 소리다. 과학의 한계를 아는 것은, 과학이 볼품없다고 꼬리표를 붙이는 짓이나 성경 내용을 문자 그대로 읽는 사람들과 같은 반反과학 집단의 비판에 과학을 노출시키는 짓과는 전혀 다르다. 오히려 과학을 궁리하는 이들을 홀가분하게 해준다. 신처럼 전지전능해야 한다는 부담감에서 과학을 해방시키기 때문이다. 더불어 과학자들의 많은 주장들이 그걸 주장하는 이들에 의해서든(이들은 각성해야 한다) 언론매체에 의해서든 무턱대고 부풀려질 때에 과학의 진실성을 보호해 준다. 적절한 예를 들어보자. 빅뱅 너머의 물리적 메커니즘을 우리가 이해한다는 주장이 있는데, 그건 사실이 아니다. 또는 생명이 우주 어디에서나 존재한다는 주장도 있는데, 우리로선 사실인지 알 수 없다. 과학자들은 자신이 하는 말과 말하는 방식에 무척 신중해야 한다. 이들의 발언은 사회에 영향력을 행사하기 때문이다. 게다가, 이게 중요한데, 왜 우리는 모든 것을 알고 **싶어** 해야 하는가? 만약 어느 날 지식의 끝에 다다른다면 얼마나 슬플지 상상해 보라. 더 이상 던질 질문도 없고 우리의 창조성은 질식당할 것이며 내면의 불꽃은 꺼져버릴 것이다. 나로선 그런 상황은, 호기심 많은 마음의 피할 수 없는 동반자로서 의문을 품고 사는 삶에 비해 무척이나 형편없다. 과학은 여전히 세상 삼라만상을 탐구하기 위한 가장 효과적인 도구이다. 하지만 과학이란 인간의 발명품이며 그렇기에 분명 한계가 있다는 사실을 결코 잊어서는 안 된다. 모든 지식 체계는 틀릴 수 있다. 발전을 위해서는 그래야 한다. 실패는 변화를 촉진한다. 더군다나 우리는 우리 존재의 모든 측면을 공략할 합리적 이유도 없다. 어떤 수수께끼들은 합리적인 근거를 가지고 있지만, 아닌 것들도 있다.

불멸의 아름다움을 간직한 트인 공간들

모든 준비를 마쳤다. 제러미 씨가 토요일 오전 9시 30분에 회의 참가자들이 모여 있는 콜링우드칼리지에서 나를 픽업하기로 했다. 흥분을 가라앉힐 수가 없었다. 하지만 물론 내가 더럼에 오게 된 이유인 회의가 우선이었다. 고전장 이론이라……. '고전classical' '장field' '이론theory', 이 셋을 따로 놓고 보면 누구나 아는 단어지만, 합쳐지면 아주 낯설고 아리송하게 들린다. '고전'(클래식 음악에서나 세계문학의 고전, 그리스·로마 시대의 고전 등)이란 남다른 명성, 더 나아가 불멸성을 얻은 작품을 가리킨다. 고전이 된 작품은 비록 오래되었지만 오늘날에도 통하며, 이 시대가 지나더라도 여전히 그럴 테다. 반짝 유행과는 정반대이다. 사람들은 먼 훗날에도 베토벤, 말러 그리고 비틀스를 듣고 있을 것이다. 오늘날 쓰이는 책들이 앞으로 2백 년 지나서도 읽힐까(또는 미래에도 지금의 읽기에 대응하는 행위가 그런 책들을 대상으로 일어날까)? 그런 책에 대한 내 나름의 목록이 있지만, 다른 사람들이 생각하는 목록과 겹칠지는 회의적이다. 어떤 작품이 고전이 되는 데는 시간이 걸린다.

한편 '장'은 보통 사물들이 자라는 트인 공간 또는 구기종목 경기가 진행되는 곳을 뜻한다. 내가 어릴 때부터 들었던 포르투갈어 단어인 캄포(영어 'field'에 대응하는 단어 'campo')는 또한 시골을 의미할 수도 있다.

그렇다면 '고전장 이론가classical field theorist'란 불멸의 아름다움을 간직한 트인 공간의 이론을 내놓는 사람일까? 이렇게 말하고 보니 시적인 느낌이다. 실제로 고전장 이론가의 일부가 시인일 수도 있고 자연을 단어 없이 쓰인 시라고 여기는 사람일 수도 있지만, 다른 방식으로 자신을 표현하려고 한다. 원자 및 아원자 입자들을 연구하는 양자물리학과 구별되는 학문인 고전물리학에서 '장'이란 어떤 종류의 원천이 공간상에서 확장된 것을 가리킨다. 가령 한 물체는 자기 주위에 온도 장을 생성하는데, 이 장은 거리에 따라 빠르게 감소한다. 그 물체에서 멀어지면 공간상 다른 지점들의 온도가 달라진다. 원리적으로 공간의 모든 점에 대한 이런 측정치들의 모음이 그 물체 주위의 온도 장이다. 만약 물체가 움직이면 온도 장도 변하면서 '시가변적time-varying' 장이 생긴다.

낯익은 장을 하나 더 예로 들자면, 물질덩이가 만드는 중력장이 있다. 질량을 가진 모든 물체는 질량을 가진 다른 물체를 끌어당긴다. 누구나 알다시피 높은 데서 돌을 놓으면 아래로 떨어진다. 사실은 돌과 지구가 서로를 동일한(하지만 반대 방향인) 힘으로 끌어당기는데, 질량이 훨씬 더 큰 지구가 '이기는' 바람에 돌이 움직이게 되는 것이다(한 물체의 질량이란 그 물체의 운동 상태의 변화에 저항하는 정도인 **관성**의 크기다). 돌과 지구를 둘러싼 장을 그려보자면, 중력에 의한 힘이 빈 공간으로 뻗어나가는 모습이 마치 어떤 이가 진한 향수를 몸에 뿌리고 있는 상황과 비슷하다. 장이라는 개념은 뉴턴의 '원거리 작용' 수수께끼를 쉽게 이해시켜 준다.

원거리 작용이란 물체들이 접촉 없이도 서로를 끌어당기는 (또는 밀어내는) 현상이다. 만약 공을 움직이게 하고 싶으면 우리는 그걸 차거나 던져야 한다. 하지만 태양은 접촉 없이도 자기 주위로 지구를 돌게 만든다. 왜 그럴까? 장의 개념을 통해 우리는 지구와 상호작용하여 운동을 일으키는 공간 속의 유령 같은 존재를 그려볼 수 있다.

　장은 보통 원천 근처에서 가장 세며 거리가 멀수록 약해진다. 원천에서 멀어지는데도 세기가 커지는 장이 있다면, 그건 아마도 몇 가지 자연법칙을 위반할 것이다.[6] 아이작 뉴턴이 1686년에 밝혀냈듯이, 돌에서부터 사람 나아가 태양에 이르기까지 질량을 가진 물체의 인력은 그 물체로부터의 거리의 제곱에 반비례한다. 매우 정확한 수치로 제시된 이 결과는 당시 유럽에서는 꽤 충격을 불러왔다. 뉴턴의 새로운 물리학은 사람들의 세계관을 바꾸었다. 주로 마이클 패러데이와 제임스 클러크 맥스웰 덕분에 빛을 본 19세기의 발명품인 장의 개념 역시 훗날 우리가 물리적 실재의 속성을 이해하는 방식(철학자들이 말하는 이른바 존재론)을 바꾸

---

6. 물론 예외도 존재하는데, 특히 입자물리학의 세계에서 그런 경우가 많다. 가령 지금 우리가 알기로 양성자와 중성자는 쿼크quark라는 더 작은 입자 세 개로 구성된다. 쿼크는 글루온gluon이라는 다른 부류의 입자의 매개를 통해 서로에게 힘을 가한다. 글루온은 글루온 장을 갖는다. 쿼크를 서로 떼어내려면 글루온 장에 압박을 가해야 하는데, 이는 마치 고무줄을 늘이는 상황과 조금 비슷하다. 이때 쿼크들 사이의 거리에 비례하여 세기가 커지는 탄성력이 생기는데, 바로 이 탄성력이 거리가 멀어질수록 커지는 장에 해당된다.

었다. 힘의 작용 때문에 움직이는 뉴턴식 입자 대신에, 패러데이와 맥스웰 이후에는 입자가 장의 영향력 하에서 움직이는 것으로 묘사된다. 이제 공간은 현상이 벌어지는 빈 공간, 즉 불활성의 배경이 아니라 물리적 실재의 속성이 발현되는 데 관여하는 구체적 요소들로 가득 찬 실체가 되었다. 원자들은 더 이상 소크라테스 이전의 철학자인 레우키포스와 데모크리토스가 기원전 4백 년경에 추측했던 빈 공간Void에서 움직이지 않는다. 대신 장이 그 빈 공간을 채우고 있으며 물체들이 움직이도록 만든다.

말 그대로 우리는 장에 둘러싸여 있다. 다시 말해 지구를 포함해 질량을 가진 이외의 다른 모든 것이 만들어낸 중력장, 무수히 많은 종류의 전자기파로부터 생긴 전자기장이 우리를 둘러싸고 있다. (전자기파의 범위는 태양과 전구에서 나온 가시광선에서부터 수백 군데의 FM 및 AM 안테나에서 방출되는 보이지 않는 전파, 휴대폰에서 나오는 초고주파수 전파, 인체 및 다른 모든 따뜻한 물체에서 나오는 적외선 등…… 무수히 많다.)

사실, 물질과 우주의 내부 구조를 다루는 나와 같은 물리학자들에게는 **모든 것**이 (물질장과 역장이라는 두 가지 유형으로 존재하는) 일종의 장이다. 물질장은 본질적으로 돌, 공기, 물, 냉장고, 아이팟, 별처럼 우리 몸과 우리 주위의 물체들로 이루어지는 모든 요소를 구성한다. 원자 및 전자, 양성자, 중성자를 생각해 보자. 이들 물질 입자들 각각은 자신의 정체성을 규정하는 관련된 장을 지닌다. 가령 전자도 자신의 장을 지니며, 양성자도 마찬가지다. 각각의 입자는 장의 두툼한 흥분 상태 또는 일종의 에너지 매듭이라고 할 수 있는데, 이 매듭은 공간 속을 움직이며 다른 에너지 매듭과 상호작용한다. (오직 비유를 위해서) 수영장의 수면 위에서 작은 파도가 움직이다가 다른 파도와 충돌하는 장면을 상상해 보자. 입자와 명백하게 다른 점이라면, 파도는 서로 또는 장애물과 충돌한 후에 흩어지지만 입자는 원래 형태를 유지하는 편이다.[7]

장의 또 다른 유형인 역장은 물질 입자가 서로 상호작용하는 방식을 설명한다. 두 사람이 서로 이야기하는 장면에 비유해 보자. 사람은 물질장이다. 둘은 말로 상호작용하는데, 이 말은 '의사소통 장'이라고 볼 수 있다. 이 장은 둘 사이를 언어적으로 연결한다. 현대물리학에 따르면 역장은 물질 입자의 의사소통 장이다. 그리고 역장은 여러 종류(지금까지 밝혀지기론, 네 가지)로 나타난다. 비유를 조금 더 해보자. 지역이 다르면 사용하는 언어가 다르듯이 입자들은 저마다 다른 힘을 느낀다. 가령 전자는 질량이 매우 작고 음의 전하를 갖는다. 그래서 다른 전자를 중력적으로는 끌어당기고(질량이 매우 작으므로 매우 약하게) 전기적으로는 밀어낸다(훨씬 더 강하게). 이 두 역장은 전자들 사이의 상호작용을 설

---

7.   곧 알게 되겠지만, 두 경우 모두 예외가 존재한다. 다른 파도와 충돌하고도 흩어지지 않는 파도가 존재하며, 서로 충돌한 후에 작은 조각으로 부서지는 입자도 존재한다. 어떤 입자들은 폭탄이 터져 파편으로 분해되듯 더 작은 여러 입자들로 저절로 붕괴될지도(해체될지도) 모른다. 자연은 우리의 엄격한 구분보다 훨씬 더 흥미진진하다.

명하는 데 필요하다. 다시 앞의 비유로 돌아가자면, 사람들이 오직 말로만 상호작용하는 건 아니다. 다른 의사소통 장도 존재하는데 가령 표정과 몸짓이 그렇다. 사람들이 어떻게 상호작용하는지 제대로 설명하려면, 모든 가능한 의사소통 장을 고려해야 한다.

'(전기적으로 중성인) 원자'들로 구성된 한 물질 덩어리는 질량은 있고 전하는 없기 때문에, 원자들로 구성된 '(전기적으로 중성인) 다른 물질 덩어리'를 중력에 의해 끌어당긴다. 예를 들어보자. 나와 지구는 질량이 굉장히 다른 두 물질 덩어리다. 각각은 저마다의 중력장을 갖는다. 만약 내가 지구에서 멀리 떨어져 있다면―가령 화성에 있다면―지구가 내게 가하는 (동시에 내가 지구에 가하는) 중력에 의한 인력은 무시할 수 있을 만큼 매우 작다. 하지만 서로 가까워지면 두 장은 더 강하게 겹치게 되며, 나는 지구 쪽으로 더 세게 당겨지는 힘을 느낀다. 중력장은 어떻게 두 물질 덩어리가 서로 끌어당기는지를 알려주는 일종의 전령이다. 쉽게 말해 중력장이나 전자기장과 같은 역장은 두 물질장 사이의 연결고리, 즉 끈인 셈이다. 그리고 역장들은 합쳐진다. 바로 지금도 지구뿐만 아니라 태양, 안드로메다은하, 토성의 고리 등 여러분 주위의 모든 물체들, 학교에 있는 자녀들이나 직장에 있는 부모들, 가장 악랄한 적, 숨겨둔 연인, 가장 지혜로운 이는 물론이고 세상에서 가장 끔찍한 범죄자도 중력에 의해 여러분을 끌어당기고 있다. 그리고 여러분도 그 모두를 끌어당기고 있다. 다행히도 이 인력은 거리(의 제곱)에 따라 약해지며 질량에 민감하다. 따라서 멀리 있거나 가벼운 물체들이 끌어당기는 힘은 여러분에게 큰 인력을 가하지 않는다. 그렇지 않다면 돌아다니기가 매우 곤란할 것이다. 무거운 물체들이 서로 들러붙어서 한 덩어리가 되어버릴 테니까.

잠시 쉬면서, 삼라만상을 연결하는 자연의 내적 작동 방식에 대한 다음의 설명이 얼마나 우아한지 살펴보자. 19세기 박물학자 존 뮤어는 『시에라에서 나의 첫 여름』에 이렇게 썼다. "무언가를 따로 떼어내려고 하면, 그게 우주의 다른 모든 것에 묶여 있음을 알게 된다." 물리학은 이 우주적인 묶임이 어떻게 작동하는지를 알려준다.

장 이론가는 물질 입자들(그 자체로서 호수의 수면 위에 있는 물결과 같은 장의 들뜬 상태)이 역장을 통해 어떻게 서로 상호작용하는지를 측정하는 실험 결과들을 수학과 결합해 세계를 설명한다. 정도가 크든 작든 간에 모든 만물은 서로에게 영향을 미친다. 고립은 추상화된 개념이며, 기껏해야 유용한 근사치일 뿐이다.

실재는 상호 의존적인 영향력들이 그물같이 얽혀 있는데도, 우리는 이 진실을 잘 알아차리지 못한다.

◆ ◆ ◆

이제 장에 대한 설명은 이쯤에서 마치고 '고전'으로 돌아가자. 이번에도 단어의 의미가 심상찮다. 이 단어의 상대적 개념은 '양자quantum', 즉 아주 작은 원자와 입자의 세계를 기술하는 물리학이다. 양자론은 근래의 발명품으로서 20세기 초반에 등장했는데, 양자론 이전에 17세기부터 나온 물리학이 '고전'물리학이다. 고전물리학은 두말할 것도 없이 갈릴레오와 뉴턴에서 비롯되었다. 두 사람의 업적은 마땅히 '최고 수준의classical' 찬사를 받을 만하다.

과학이란 전 영역에 걸쳐 자연계를 기술하는 일이므로, 고전물리학과 양자물리학을 (비록 둘 다 각자의 체계가 있긴 하지만) 전혀 다른 것이 아니라 상호 보완적인 것으로 여기는 편이 가장 낫다. 양자는 물질과 에너지의 가장 작은 단위이다. 마치 센트가 미국 달러화의 가장 작은 단위이듯이. 모든 금융 거래는 크든 작든 간에 1센트의 배수로 이루어진다. 전자electron는 전자장의 양자이고, 광자photon는 전자기장의 양자이다. 전자기장 중에서 흔한 것이 가시광선이다. 물리학자들이 '물질의 기본 입자elementary particles of matter. '소립자'라고도 한다'라고 말할 때, 이는 더 작게 부서질 수 없는 가장 작은 조각이라는 뜻이다.[8] 양자가 엄청나게 많이 존재할 때는 양자장으로부터 고전적인 장이 출현한다는 게 핵심이다. 모래 해변을 멀리서 보는 경우를 상상해 보자. 많은 양자들, 즉

---

8. 하지만 이런 말은 조심해야 한다. 어제 부서질 수 없었던 것이 내일 더 성능 좋은 도구로 부서질지 모르기 때문이다. 입자물리학의 언어에서, 오늘 기본적인 것처럼 보이는 입자라도 실제로는 혼합물, 즉 훨씬 더 작은 입자들로 구성된 것일지 모른다. 가령 최근에 발견된 힉스 보손Higgs boson도 혼합물의 좋은 후보이다. 달리 말해서, 앞으로 수백 년이 지나면 기본 입자들의 목록은 거의 확실히 오늘날의 목록과 달라져 있을 것이다.

각각 구별되는 단위인 "모래 알갱이"들로 이루어져 있는데도 모래 해변은 멋지고 매끄럽게(고전적인 모습으로) 보인다.[9] 이 비유로 알 수 있듯이, 양자를 끌어들인 설명은 물질의 거친 성질을 지각할 수 있는 짧은 거리에서라야 가장 적절하다. 우리 인간이 실재에 관해 갖고 있는 관점은 두말할 것도 없이 매우 고전적이다. 따라서 양자 세계는 물질 내부의 거친 성질을 '보도록' 고안된 초고정밀 탐지 장치로 살펴볼 때에만 드러난다. 쉽게 말해 고전장 이론은 많은 양자로 구성된 장의 행동을 설명한다. 다시 해변으로 돌아가자면, 이 이론은 모래 알갱이 각각의 움직임이 아니라 모래 언덕의 움직임에 초점을 맞춘다.

고독과 솔리톤

더럼에서 참가한 회의는 아주 많은 양자로 구성된 물질 덩어리—즉 에너지. 왜냐하면 둘은 E(에너지)$=m$(질량)c(빛의 속도)^{2}라는 유명한 공식으로 연결되어 있기 때문이다—에 관한 내용이 대부분이었다. 따라서 고전장 이론의 방정식들이 그것들의 속성을 가장 잘 설명해 준다. 이 덩어리는 이

9. 큰따옴표를 넣은 까닭은 모래 알갱이가 사실은 양자가 아니기 때문이다. 놀랍게도 모래 알갱이 하나에는 실리콘과 산소 원자들이 십억조 개 넘게 들어 있다. 하지만 매끄러운 모습과 거친 모습을 대비시키는 이미지는 연속적인 것과 양자적인 것을 구별시켜 주는 비유로써 분명 도움이 된다.

름이 많은데, 그냥 '덩어리'는 나로선 너무 위험하게 들린다. 다행히도 가장 흔한 이름은 '솔리톤soliton'이다. 나는 솔리톤이란 이름이 좋다. 놀라우면서도 조금 특이한 현상을 표현한다. 솔리톤은 흩어지지 않는 물질의 모음으로서, 아무것도 그걸 뭉쳐놓지 않는데도 공간에서 움직일 때 자신의 형태를 유지한다. 이 단어는 '고독solitude'이나 '고독한solitary'이란 단어를 연상시킨다. 젊은 스코틀랜드 공학자 존 스콧 러셀이 1834년에 처음 목격한 '고립파solitary wave'가 이런 현상의 시초이다. 햇살이 뜨거운 8월의 어느 날, 러셀은 에든버러 근처의 유니언 운하를 운행하는 증기선이 육로로 이동하는 말에 비해 얼마만큼 효율적인지 조사하고 있었다. 증기선과 연결된 보트의 줄이 끊기는 바람에 "보트가 갑자기 멈췄다. 하지만 보트를 움직이게 만든 운하의 물은 그렇지 않았다. 뱃머리 주위에 모여 격렬하게 출렁이던 물이 갑자기 배를 뒤로하고 앞으로 굉장히 빨리 나아갔다. 혼자서 봉긋하게 솟은 매끄러운 물덩이가 형태 변화나 속력 감소 없이 운하를 따라 계속 나아갔다(러셀, 1844)." 깜짝 놀란 러셀은 그 괴이한 물길을 급히 뒤쫓았다. 그는 "말을 타고 뒤쫓았는데, 따라잡았을 때 보니 여전히 대략 시속 13~14킬로미터 속력으로 진행하고 있었으며 길이가 10미터 남짓이고 높이가 30~50센티미터쯤이었다." 그러다가 결국 운하의 모퉁이에서 사라졌다. 이 뜻밖의 경험이 러셀의 삶을 뒤바꾸었다. 그때부터 대부분의 시간을 수조 속 고립파의 성질을 연구하는 데 바쳤다. 그가 알아낸 많은 결과 중에서 가장 이상한 것은 고립파가 '아무런 변화 없이' 서로를 통과한다는 사실이었다. 마치 유령처럼 자신의 모양을 잃지 않고 서로를 관통했다. 직관에 반하는 현상이다. 파동은 보통 잠시 진행하다가 퍼지면서 흩어진다. 다른 파동이나 큰 바위와 충돌하면 원래 형태를 잃는다. 솔리톤은 그렇지 않다. 상식을 거부한 채 원상태로 계속 머문다. 무엇이 원래 형태를 유지시켜 줄까? 물의 고립파의 경우, 흩어지려는 경향과 뭉치려는 경향 사이의 균형이 그것이 움직일 때 파동의 형태를 유지시켜 준다. 세부적으로는 다르겠지만, 대다수의 솔리톤은 비슷한 균형 잡기로써 발생한다. 도교 신봉자라면 솔리톤이 도道의 예시라고 말할 듯하다. 흩어짐의 음기가 모이는 경향(구성 요소들 간의 끌어당기는 상호작용)의 양기와 극적으로 균형을 이루면서 얻어진 완전한 상태라고 말이다. 물리학자가 보기에 솔리톤은 단일한 불변적 실체로 행동하기 위해 서로 상호작용하는 한 무리의 입자들이다. 말하자면 거시적 입자, 즉 하나로 행동하는 다수인 셈이다. 그리고 도를 신봉하는 물리학자가 보기에 솔리톤은 변화, 즉 다른 무언가로 바뀌지 않는 영원성의 구현이다.

'솔리톤soliton'이란 단어(여기서 'on'은 이 물체가 전자나 양성자처럼 입자라는 점을 암시한다)는 'solitary'에서 나왔다. 'solitary'는 'solitude'로 이어지고, 'solitude'는…… 낚시로 이어진다. 나로선 낚시야말로 가장 고독하다. 외롭게 치르는 의식이다. 자기 자신에게 시간을 주는 일이며 강의 여신에게 공양을 올리는 일이고, 사람들이 실내에 머물 때 왜 다들 바깥에 더 자주 안 나가는지 궁금해하며 나만은 물가에 나가서 기다리는 일이다.

또한 낚시는 자기 자신, 그리고 물과 물고기에 집중하는 일이다. 다른 모든 것에서 벗어나 현재의 순간에 맡기는 일. 행동과 강한 집중력을 통해 시간을 초월한 영역에 자신을 몰입시키는 일. 변화하기에서 벗어나 존재하기에 도달하는 일. 선禪과 플라이낚시의 예술이라고 말할 수 있을 정도다. 하지만 굳이 그러진 말자.

내가 좋아하는 모든 것(물리학, 플라이낚시, 기타 연주, 글쓰기, 트레일 러닝trail running)은 고독한 행위다. 그렇지만 난 상투적이고 괴팍하고 비사회적인 괴짜 과학자 유형은 아니다. 적어도 나 스스로는 그렇지 않다고 여긴다. 나는 사람들을 좋아하며, 대다수 사람들과 마찬가지로 사랑받기를 좋아한다. 고독을 추구하는 건 다른 문제다. 사실 그것은 고독을 추구하는 게 아니다. 숨어버리는 일이 아니다. 오히려 자연, 그리고 자연이 주는 동반자 관계를 추구하는 것이다. 나는 물리학을 통해 자연의 비밀을 해독해 내려고 하고, 플라이낚시를 통해서 자연과 몸으로 교감하고자 하며, 음악을 통해서 자연의 화음을 재창조하려고 하고, 글쓰기를 통해 내 경험을 정리하며 더 영속적인 방법으로 기록하려고 한다. 이런 다층적인 헌신, 나보다 더 큰 것과 연결되려는 다양한 방법들을 찾는 시도가 사랑이 아니고 무엇이랴. 아인슈타인도 스스로에게 말하길, 그런 신비로움의 경험("우주적이고 종교적인 감정")이야말로 우리가 가질 수 있는 가장 소중한 것이며, 우리가 창조Creation를 궁리할 때 느끼는 경외감이라고 했다(대문자 C로 쓴 까닭은 자연의 일체성이란 뜻을 드러내기 위해서다). 내가 보기에 그것은 영성의 가장 순수한 형태이며, 우주와 우리의 심오한 연관성에 대한 다층적인 경험이다. 우리는 자연에서 왔고, 자연 속에 있으며, 다시 자연으로 간다. 어쩌면 이것이 나의 묘비명일 수 있겠다.

패턴 찾기

회의는 아주 순조로웠다. 영국인 주최자들이 친절하게도 나한테 한 시간 발언 기회를 주었다. 다른 참석자들은 고작 반시간이었다. 유일하게 멀리서 온 사람인지라 분명 나한테 고마운 마음이 들었나 보다. 하지만 내가 거기에 얼마나 참석하고 싶었는지 아는 사람은 별로 없었다.

　내 강연 주제는 '오실론oscillon'이었다. 이번에도 'on'이다 (자랑스럽게도 이 이름은 나와 안면이 없던 다른 동료 교수들과 내가 함께 지었다). 하지만 오실론은 흐르는 운하를 따라 모습을 드러낸 적이 없다. 사실은 어떤 장이 공간과 시간 속에서 어떻게 변하는지를 기술하는 방정식의 해로서, 내 컴퓨터에서 나타났다.[10] 오실론 또한 에너지의 국소화된 덩어리라는 점에서 솔리톤과 비슷하다. 하지만 색다른 특징이 하나 있는데, 적어도 내가 보기에 이것은 러셀이 말을 타고 쫓았던 물의 유령보다 훨씬 더 놀랍다. 움직일 때 늘 모양이 일정한

솔리톤과 달리, 오실론은 이름에서 짐작되듯이 진동한다ᵉ영
어에서 oscillation은 "진동"이라는 뜻. 오실론은 도무지 그럴듯하지 않
는 상황인데도 매우 오랫동안 살아 있는 구조다. 자연에서
진동하는 것들은 대체로 잠시 동안만 진동한다. 그네라든가
바람에 날리는 잎 같은 경우처럼 마찰 때문에 멈추거나 공
간 속으로 전파될 때 형태를 유지할 수 없는 파동처럼 그냥
퍼져버린다. 하지만 오실론은 그렇지 않다. 아주 오랫동안,
말도 안 될 정도로 아주 오랫동안 계속 진동한다.

오실론을 구체적으로 설명할 좋은 방법이 있다. 연못
에 돌을 하나 던지는 장면을 상상해 보자. 진동이 생기고 동
심원 파동이 물과 돌의 접촉 지점에서 바깥으로 퍼져나가다
가 마침내 멀리서 또는 연못 가장자리에 닿아서 소멸한다.
만약 물이 오실론을 유지시키기에 알맞은 성질을 지녔다면,
동심원 파동이 바깥으로 퍼져나가지 않은 채 연못 가운데에
서 계속 진동한다. 거의 도깨비장난 같은 현상이다! 자연에
서 교란 현상이 생기면 그 에너지는 보통 어떤 식으로든 흩
어져 버리고 만다. 물에 돌을 던졌을 때 동심원 파동에서 바

---

10. 두 명의 러시아 물리학자 I. L. 보골룝스키와 V. L. 마칸코프가 20년 전
에 나보다 먼저 오실론을 발견하였고, 1974년에 그 물체를 가리켜 '펄손
pulson'이라고 명명했다. 둘의 연구를 나는 모르고 있다가(사실 대다수 고에
너지 물리학자들도 그랬다), 『피지컬 리뷰』의 편집자에게 내 논문을 제출하
기 전에 필요한 문헌 검색을 하던 중에 알게 되었다. 처음이 아니어서 조
금 실망하긴 했지만, 오실론에 관한 내 연구가 타당한 것이어서 기쁘기도
했다. 이후 여러 해 동안 나는 초기 결과들을 훌쩍 뛰어넘는 수준으로 오
실론의 성질을 탐구했는데, 특히 이런 구조들이 다양한 물리 이론에 어떻
게 등장하는지를 밝혔다.

로 그런 일이 생긴다. 다시 말해 에너지를 충돌 지점에서 다른 데로 옮겨버린다. 마찬가지로 다른 특별한 장치가 없는 추시계는 아주 오랫동안 흔들리지 못한다. 그런데 이게 말이 되는가? 연못에 돌을 던졌더니, 상식과 완전히 어긋나게도 물에 돌이 닿은 지점에서 에너지가 동심원 파동 형태로 흩어지지 않고 계속 아래위로 오르락내리락하기만 한다. 그렇다면 누구라도 이런 반응을 보일 테다. "맞네. 그런데 무슨 속임수를 쓴 거지?"

안타깝게도 오실론은 물에서 생기지 않는다. 적어도 아직까지는 그렇다. 이 현상이 발생하려면 특수한 종류의 장이 필요하다. 하지만 분명 자연에서 발생하는 현상이다. 내가 오실론에 관한 첫 논문을 발표한 다음 해인 1995년, 텍사스대학교 오스틴의 한 연구팀도 오실론에 관한 논문을 발표했다. 우연히 그 팀도 똑같은 이름을 붙였지만 매우 다른 종류의 현상을 연구하고 있었다! 텍사스의 오실론은 한 원통 내부의 작은 유리알 더미에서 생겼다. 논문의 저자들이 알아내기로, 유리알들이 만들어낸 지속적인 진동 패턴은 원통의 특정 진동수에서 발생했다. 진동하는 알갱이 형태의 오실론이라……. 내가 보기엔 이 연구팀의 오실론을 포함하여 실제이든 가상이든 여러 상이한 물리계에서 1994년 이후 발견된 많은 종류의 오실론은 모두 동일한 보편적 현상의 발현이다. 즉 파동에서처럼 자연스럽게 흩어지는 경향과 중력에서처럼 물질을 한데 묶어두려고 하는 인력 사이의 역동적인 균형이 빚어내는 현상이다. 그런데 내가 발견한 최초의 단순한─이후 내 연구팀 및 다른 동료 과학자들은 더 복잡한 종류를 발견해 냈다─오실론의 특징은 진동이 클 때에만, 따라서 자연스럽게 발생시키기 어려울 때에만 끌어당기는 경향이 효과적으로 생긴다는 것이다(가령 그네에서도 큰 진동을 일으키려면 세게 밀어야 한다). 많은 에너지뿐만 아니라 '비선형성'이라는 성질도 필요한데, 이는 초기의 작은 교란이 뜻밖의 큰 반응을 낳을 수 있는 성질을 일컫는다. 기분이 나쁠 때엔 사소한 일에도 지나치게 감정이 폭발하는 경우가 그런 예다.

자연에서는 특정 패턴이 규모를 달리하면서 반복적으로 등장할 때가 종종 있다. 허리케인의 나선, 커피 속의 휘저은 크림, 나선은하 그리고 달팽이 껍질 등을 생각해 보자. 또는 우리 몸이 상반신에서 팔다리로, 그다음에 손가락과 발가락으로 뻗어나가듯이 나무, 강 그리고 인체의 동맥과 정맥이(신경도 마찬가지로) 어떻게 뻗어나가는지 생각해 보자. 나선spiraling과 분기branching는 매우 흔한 패턴으로서 많은 종류의 생물과 무생물에서 나타난다. 이들은 자연의 디자인에 깃든 두 가지 핵심 원리의 공동 작용으로부터 생긴다. 에너지 효율과 최적화가 바로 그 두 원리다. 모든 자연현상은 최소 에너지 경로를 따른다. 돌은 직선으로 떨어지는데, 왜냐하면 그것이 두 점 사이의 가장 짧은 경로여서 가장 경제적이기 때문이다. 비누 거품과 풍선은 표면장력을 최소화하려고 둥근 형태를 띤다. 눈송이는 물 분자의 기하구조 덕분에 육각형 모양을 띤다. 하지만 각각의 눈송이는 바로 주위의 날씨 조건들(습도, 온도, 기압)에 최적화된 독특한 반응의 결과다. 물이 얼음으로 변할 때, 물은 가능한 한 가장 효과적인 방식으로 여분의 에너지를 내놓는다. 그 결과 어떤 눈송이의 모양도 똑같지 않다. 각각의 눈송이가 자신만의 출생 이야기를 간직하고 있는 셈이다.

지도자, 추종자 그리고 아웃사이더

하지만 내 강연 내용은 나선이나 눈송이가 아니었다. 나는 여러 해 동안 혼자서 그리고 동료 연구자들과 함께 얻었던 오실론에 관한 많은 결과를 검토했고, 특히 최근의 결과에 집중했다. 아침 회의가 끝나고서 점심 식사는 우리가 묵었던 콜링우드칼리지에서 했다. 아, 변함없이 끔찍한 영국의 대학 음식……. 아무래도 어떤 전통은 결코 없어지지 않는가 보다. 킹스칼리지에서 박사 과정을 밟던 날들이 떠올랐다. 특히 카페테리아 특식인, 노랗게 익힌 방울양배추를 곁들인 걸쭉한 회색 고기 스튜가 생각났다. 20년이 지났건만 아직도 그 냄새가 기억난다. 개인적인 복수 차원에서 요즘 나는 볶은 방울양배추와 구운 두부, 망고 카레로 끝내주는 음식을 만든다. 걸쭉한 회색이든 아니든 고기는 오랫동안 먹지 않고 있다.

　음식만 빼고는 동료들과 멋진 시간을 보냈다. 외모도 신경 쓰지 않고 권위는 깡그리 내려놓고서 터놓고 지식을 나누는 사람들을 과학 회의 말고 어디에서 찾을 수 있을까? 대학원생, 박사후 과정의 펠로, 교수, 유명한 교수 들을 망라해서 우리는 모두 함께 모여 앉아 저마다의 모형과 가설을 논했다. 열심히 서로의 연구 결과에서 배우고 또 비판도 해가면서. 회의장 바깥에서는 주제가 보통 요즘 연구 자금지원 상황이 어떻다느니, 누가 어디서 일하냐느니 그리고 아무개의 이혼이나 종신 재직권에 관한 솔깃한 내용으로 바뀌었다. 깊이 들여다보면, 우리는 다만 수학엔 약하고 자연은 좋아하는 한 무리의 수다쟁이일 뿐이다.

물론 이런 장면은 꽤나 장밋빛이다. 과학에 평등이 흘러넘친다는 말은 결코 진실이 아니다. 분명 표면적으로는 옳고 그름이 중요하지 권위는 중요하지 않다. 설령 노벨상을 탄다고 해서 저절로 절대적 진리의 예언자가 되지는 않는다. 하지만 다른 여느 인간의 활동과 마찬가지로 과학에도 지도자, 추종자 및 아웃사이더가 있다. 지도자는 경향을 만들어내는 자로서 좋은 아이디어(적어도 가장 매력적인 아이디어)를 몽땅 갖고 있는 듯 보이며, 그만큼이나 중요하게 그런 아이디어를 홍보하는 법까지 아는 듯하다. 이번에도 다른 여느 인간 활동과 마찬가지로 홍보야말로 아이디어 자체보다 더 매력적이다. 추종자는 그 아이디어 여기저기에 개선 내용을 추가함으로써 연구를 풍성하게 만들고, 지도자의 지혜를 의심하는 법 없이 그를 지지해 준다. 아웃사이더는 마차에 올라타기를 거부하는 자들이다. 직업인으로서의 생활이 대체로 어려워지는데도 자기만의 문제를 추구한다. 자기만의 길을 가면 일자리를 구하기도, 논문을 발표하기도, 논문을 다른 학자들한테서 인용받기도, 연구 자금을 지원받기도 어려워진다.

여러분이 독창적이고 참신한 아이디어를 갖고 있다고 해서, 다른 모두는 (여러분이 보기에) 쓸모없거나 그냥 지루한 무언가를 연구하고 있다고 보긴 어렵다. 여러분은 대단한 걸 하고 있기에 무슨 수를 써서라도 그걸 해야만 한다고 느낀다. 비록 동료들이나 지도교수한테서 시간 낭비라는 말을 듣게 되더라도 말이다. 그리고 희망했던 대로 일이 제대로 풀리지 않으면, 그리고 여러분의 굉장한 아이디어가 진척이 되지 않더라도(장담컨대 그런 일이 비일비재하다) 그건 괜찮다. 적어도 여러분은 자신의 직관을 믿고서 연구를 추진할 지적인 성실성과 용기의 소유자임은 분명하다. 비아냥대는 사람들은 여러분이 그냥 바보일 뿐이라고 말할지 모른다. 외로운 천재의 길, 즉 앞날을 내다본 연구가 결국에는 입증되는 인생 역정을 무작정 따라가려는 바보라고 말이다. 그런 것이 이유일 리는 없다. 아웃사이더는 나중에 어떻게 될지 모르지만 겸손하게 자신의 직관을 따르는 사람이다. 낚시꾼은 뭐라도 잡게 되는지 결코 알 수 없다. 그런데도 계획을 점검하고 강으로 다시 향한다. 매번 새로운 희망을 품고서. 그렇지 않으면 여러분 자신이 아니게 되기 때문이다. 나중에 지난 삶을 되돌아보면서, 무언가를 시도하기엔 너무 늦어버렸을 때 해버린 선택을 후회하고 싶지 않기 때문이다. 천국에서는 낚시가 필요 없다. 설령 있더라도, 원하는 모든 물고기를 끊임없이 잡게 될 테니 꽤 지겨울 것이다. 그게 무슨 재미일까?

뜻밖의 것의 단순한 아름다움

회의가 끝나고 나는 더럼을 돌아다녀 보기로 했다. 으리으리한 성과 잘 보존된 11세기 고딕 성당, 그리고 구불구불 흐르는 물줄기 군데군데에 오래된 돌다리가 가로지르는 위어 강을 거느린 더럼이야말로 중세의 보물이 아닐 수 없다. 아침의 거센 비가 기적처럼 멎었고, 힘찬 바람 덕분에 구름도 걷히기 시작했다.

사람들이 다니는 둑길이 강을 따라 고불고불 이어진다. 나는 성 바로 아래에 있는 좁은 골목을 지나 둑길에 닿았다. 큼직한 개버즘단풍나무 한 그루가 초록 물결 위에 장엄하게 드리워 있었다. 잠깐 서서 그 장관을 음미하고 있자니 평온함이 가슴 깊이 스며들었다. 하루살이 떼가 물결 바로 위에서 오르내리며 스물네 시간의 생을 만끽하고 있었다.[11] 갑자기 깊은 물속에서 연어 한 마리가 허공으로 1미터 남짓 떠올라 하루살이를 한 무더기 삼키고는 다시 철퍼덕거리며 잠

11. 하루살이는 과학적 명칭에도 하루살이임이 흔히 드러난다. 하루살이는 Ephemeroptera(하루살이목)에 속하는데, 이 용어는 "짧게 사는"이라는 뜻의 그리스어 *ephemeros*와 "날개"라는 뜻의 pteron에서 왔다.

수했다. 연어의 무게는 분명 적어도 3킬로그램 남짓이거나 그 이상일지도 몰랐다. 거기서 나는 입을 떡 벌린 채 꼼짝 않고 서 있었다.

신호란 게 있다면, 바로 그것이었으리라. 자연은 방금 내게 메시지를 하나 전해주었다. 적어도 나는 그렇게 여겼고, 그런 내 마음이 중요한 것 아닐까? 내 인생에서 그처럼 의미 있었던 적은 거의 없었다. 불현듯 찾아온 깨달음의 순간에 아늑한 따스함이 느껴졌다. 방금 나는 뜻밖의 것의 단순한 아름다움을 목격했다. '야생으로 더 자주 나가야 해. 이제껏 마법을 놓치고 있었다니.' 내면에서 목소리가 들려왔다. 이번에는 그 목소리를 새겨들었다.

연어의 힘은 엄청났다. 그렇게 마을 가까이서 뭘 하고 있을까? 알고 보니 잉글랜드 북부에서 그때가 연어 활동이 정점을 찍는 철이었으니 그런 광경이 드물지 않았다. 웬 횡재람!

그게 징조였느냐고? 물론이다! 둔하고 꽉 막히고 안타까운 합리주의자만이 그런 장면을 몰라보고 그냥 우연이라고 치부할 것이다. 어떤 사건이 의미가 있을 때에는 그냥 우연이라고 할 수 없다. 그렇다고 어떤 거창한 초자연적 힘이나 강의 정령이 딱 나를 위해 메시지를 던져주었다는 말은 아니다. 그건 터무니없는 소리이고 안타깝기 짝이 없을 정도로 자기중심적인 판단이다. 연어가 뛰어올랐고 내가 우연히 바로 거기서 그 모습을 보았다. 방금 일어난 일의 단순한 아름다움을 외면하고, 왜 그걸 보이지 않고 누군지도 모르

57

는 지휘자 때문이라고 여긴단 말인가? 여기서 숭배해야 할 것은 어떤 보이지 않고 알 수 없는 마법의 손이 아니라 그 사건의 우연성, 그게 나한테 가한 알 수 없는 충격이다. 연어와 나의 삶이 순수하고 절대적인 축복 속에서 몇 초나마 서로 겹쳤다. 다른 누군가나 다른 무엇을 그 모습에 끌어들일 필요는 없다.

이 사건에서 나는 크나큰 기쁨을 맛보았다. 이튿날 아침 제러미 씨와 함께 컴브리아산맥으로 떠나기로 되어 있었다. 시간이 남아 있었던지라 이틀간 쌓인 이메일을 정리하고 가족에게 전화를 하고 저녁 식사를 했다. 콜링우드에서 더럼 시내까지 걸어가려면 족히 20분은 걸렸지만, 나는 시내에서 저녁을 먹으려고 서둘러 길을 나섰다. 어떻게든 대학 구내 음식은 피하고 싶었기 때문이다. 그날 밤은 무척 맑았다. 잉글랜드 북부가 그렇게나 맑다니! 4분의 3쯤 차 있는 달이 마치 망가진 은 방패처럼 성당 위에 떠 있었다. 문득 연어도 달을 어떤 식으로든 알아볼지 궁금해졌다. 크고 밝은 나방으로 여기고서 물 밖으로 뛰어올라 통째로 삼키려 한 적도 있지 않을까. 아니, 연어는 아마도 달을 있는 그대로 바라볼 테다. 중력에 의해 지구에 묶여 있는 위성체(우리가 과학적으로 알고 있는 달)가 아니라, 밤을 빛나게 해주는 조명이자 강의 위아래로 떠나는 여행을 안내하는 시계로서 말이다. 그런 연어가 평생 나와 함께할 것이다.

믿음

마침내 토요일이 왔다. 일어나자마자 커튼을 걷었다. 햇빛이 끝내줬다! 낚시하는 날이 딱 하루뿐이라면 비가 퍼붓는 날은 꼭 피하고 싶었다. 뭐, 할 수도 있긴 하다. 하지만 햇빛 좋은 날이 확실히 더 낫다.

두 번째로 한 일은 거한 영국식 아침 식사였다. 며칠 동안 야외 활동을 할 수 있도록 지방과 탄수화물을 넉넉하게 채웠다. 사실은 맛도 좋았다. 비록 그래놀라 같은 건강식에 길들여진 내 속에 모욕을 주긴 했지만.

제러미 씨가 예상대로 9시 30분에 정확히 도착했다. 친절한 눈빛을 지닌 점잖은 남자였는데, 인생의 쓴맛을 본 뒤에 평온을 찾은 사람처럼 보였다. 느낌이 좋았다. 우리들 대다수는 쓴맛을 보고서 좀체 평온을 못 찾지 않는가!

"목적지에 닿기 전까지 한 시간쯤 남았습니다." 그가 말했다. "멋진 이든강으로 데려다 드리고 싶었는데, 비가 많이 오는 바람에 강물이 탁해졌어요. 낚시도 그리 잘 되지 않을 거고요."

천국에 도착하기도 전에 쫓겨난 형국이었다. 하지만 사실 어디에 도착할지는 중요하지 않았다. 게다가 물고기를 잡느냐 마느냐도 전혀 개의치 않았다. 내가 원했던 것은 전문 가이드와 함께 상류를 거슬러 오르는 경험뿐이었다. 가이드의 도움으로 수도원 내부로 한 걸음 더 내딛는 경험 말이다.

"아, 괜찮아요." 내가 말했다. "제가 원하는 건 가르침이에요. 그러니까 캐스팅, 낚싯줄 다루기 그리고 회수하기……."

"아, 그건 걱정 마세요. 여러 번 배우실 테니까."

"우리 어디로 갑니까?"

"잉글랜드에서 가장 야성적인 장소 중 한 곳입니다. 노스페나인에 있는 어느 산 위의 호수인데, 높이는 6백 미터쯤 되고요. 제가 보기엔 아주 아름다운 곳이고 브라운송어가 득실득실하죠."

외딴 호수? 송어가 득실득실? 끝내주는 곳 같았다.

우리는 노섬벌랜드의 땅을 오르기 시작했다. 목장 같은 느낌의 무수한 들판과 오래된 돌담들이 십자형으로 나 있는, 엽서에 넣기 안성맞춤인 영국의 구릉지를 지났다. 여기저기서 털이 북슬북슬한 얼룩무늬 양 떼가 광활한 대지를 따라 종종걸음을 하고 있었다.

미들턴인티즈데일이라는 고풍스런 중세 마을을 지났더니 금세 낚시하기 매우 좋은 티강이 나왔다. 빠르게 흐르는 강물을 탐내듯 쳐다보았다. 제러미 씨가 내 마음을 읽었다.

"맞아요. 이제 호수가 얼마 남지 않았네요. 물은 진짜 흐린데요." 그가 말했다.

나는 건성으로 맞장구를 쳤다. 물이 흐린 것은 전혀 신경 쓰이지 않았다.

"그런데 교수님, 회의는 어떤 회의였나요?"

"아, 저는 이론물리학자입니다."

"굉장하네요! 저는 이론화학자예요."

"정말요?"

"네. 1982년 런던에서 오비탈orbital. 전자 궤도 이론으로 박
사학위를 땄지요."

"런던요? 저랑 같네요! 저는 킹스칼리지에서 박사학위
를 땄어요."

"세상에나! 저도 거기서 땄어요!"

이렇듯 내 플라이낚시 스승은 과학 박사였다. 게다가
내가 졸업한 모교에서 받은 학위라니……. 절묘하기 그지없
는 우연이었다.

잉글랜드 북부에는 플라이낚시 가이드가 많다. 인터넷
검색을 해보고서 알게 된 사실이다. 하지만 달리는 차 속에
나와 함께 있는 가이드는 자연을 사랑하는 동료 과학자였
다. 나처럼 플라이낚시를 과학적으로 연구하고 낚시하는 내
내 그런 과정을 즐기는 과학자 말이다. 그렇지만 적어도 그
에게 있어 과학 연구를 활발히 한 시기는 과거에 속했다.

"플라이낚시한 지 40년째인데, 따로 하는 건 없답니다.
물론 글쓰기는 빼고요."

"아니, 글도 쓰신다고요?"

"아, 네, 소설과 논픽션을 씁니다. 왜요? 글을 쓰시나요?"

"나도 씁니다!"

"우리는 정말로 비슷한 영혼의 소유자인 듯하군요."

"지당하신 말씀이네요." 나는 열렬히 맞장구를 쳤다. 제

러미 씨와 나는 이후로 가끔이긴 하지만 줄곧 연락을 주고받았다. 그는 최근에 훌륭한 저서 『전략적인 플라이낚시』 한 권을 보내주었다. 수준급의 플라이낚시꾼을 위한 안내서인데, 플라이낚시에 관한 일종의 대학원 교재인 셈이다.

　이러한 우연의 일치, 다시 말해 조금 전까지만 해도 전혀 우리 인생과 무관했던 사람과 금세 유의미한 관계를 맺게 되면, 많은 이들은 어떤 식으로든 초자연적인 이유가 있겠거니 여긴다. 정신적 성장을 돕는 이런 갑작스러운 기회를 만날 때 우리는 특별한 느낌을 받는다. 감사의 마음도 생기지만 심지어 어느 정도의 원초적 두려움도 뒤따른다. 때론 좋기도 하고 때론 나쁘기도 한, 우리에게 생기는 일의 대부분을 우리 자신이 통제하지 못한다는 사실을 전면적으로 확인하기 때문이다. 무기력한 처지에서 우리는 우리를 붙잡아 줄 무언가를, 우리의 삶에 큰 영향을 끼치는 사건들이 무작위로 연달아 벌어지는 현상의 배후에 일종의 질서를 찾고 싶어 한다. 그렇지 않고서야 어떻게 정신을 온전히 유지할 수 있겠는가? 대다수에겐 한 가지 방법밖에 없다. 각 개인의 안녕을 살피는 지배적인 힘, 즉 초월적인 감독자를 믿는 것이다. 이 힘은 (매우 바쁜) 신일 수도 있지만, 애매한 유사 과학적 원리에 근거한 점성술이나 어떤 우주적인 영향력의 원천일 수도 있다. 그리하여 사람들은 일종의 신자로서 자기 삶의 사건들 간의 보이지 않는 관련성을 탐구한다. 그러느라 뜻밖의 것의 단순한 아름다움을 종종 놓치곤 한다.

　믿음이 오직 종교의 영역이라고 할 수는 없다. 세속 과학자라도 종교와 다른 방식이긴 하지만 믿음을 가질 수 있다. 예를 들기 위해, 양자역학의 역동적인 초창기 역사로 돌아가 보자. 많은 과학자들이 혼란의 도가니 속에서 질서를 찾으려고 필사적으로 애쓰던 때로 말이다. 1920년대 수십 군데의 실험실에서 원자 세계의 무작위성이 거듭 드러났다. 아인슈타인, 플랑크, 슈뢰딩거 등은 그 무작위성의 근본적 이유를 찾으려고 고군분투했다. 이들은 갈릴레오와 뉴턴 시대 이후 확립된 고전적 세계관을 믿었다. 자연이 결정론에 근거해 있다는 관점으로서, 자연 현상은 단순한 인과관계에 따라 연속적으로 발생한다는 믿음이다. 다시 말해 자연의 작동 방식을 완전히 이해할 수 있는 기본적인 논리와 시계 장치 같은 정밀함이 존재한다고 믿었다. 점점 더 분명해지고 있는 원자들의 세계는 그런 좋은 규칙을 따르지 않는 듯했다. 하지만 이들은 실험 데이터를 이해하려고 애쓰는 와중에 결국 새로운 양자 세계관의 선구자가 되었다. 우리가 오늘날 물리적 실재를 바라보는 방식을 뒤바꾼 혁명적인 개념들을 쏟아내면서 말이다. 자신들의 믿음과 크게 어긋나는 세계관을 받아들이는 과정에서의 근심과 거리낌은 '따끔한 현실reality bites'이라는 표현에 새로운 의미를 부여했다.

이들의 노력 덕분에 밝혀진 양자 세계는 우리의 세계와 전혀 딴판이다. 전자는 한 원자 궤도에서 다른 원자 궤도로 불연속적으로 도약하는데, 마치 당구공이 경사면을 따라 위아래로 구르는 모습보다 아이들이 계단을 위아래로 뛰어다니는 모습과 비슷하다. 고전물리학에 따르면 원자 자체는 불안정해질 수밖에 없다. 전자와 양성자는, 다른 무언가가 둘을 떼어놓지 않는다면 서로를 강하게 끌어당기기 마련이다. 그렇다면 왜 전자가 양성자한테로 떨어지지 않을까? 무엇이 전자를 자신의 궤도 주위로 계속 돌게 만들까? 게다가 양자물리학에서 계산은 한 사건이 일어날 **확률**(가령 한 전자가 특정 순간에 여기 아니면 저기에서 발견될 확률)만 예측할 수 있을 뿐이다. 고전물리학의 기세등등하던 결정론적 힘은 발붙일 데가 없어지고 말았다. 행성의 궤도를 계산하여 일식이 일어나는 날짜와 시각을 수천 년 후의 미래까지 고도로 정확하게 예측해 낼 수 있던 힘은 사라져버렸다. 양자 세계의 현실은 증기기관, 대포, 방앗간, 자동차, 수력발전소, 그리고 역학 법칙을 따르며 그런 법칙에 따라 제작하고 신뢰할 수 있는 기계의 세계와는 완전히 달랐다. 매우 작은 세계의 현실은 반항적이고 불가사의했으며, 우리에게 익숙한 세계와 무관했다. 슈뢰딩거는 자신의 이론이 자신이 거부하고 싶었던 세계관을 창조했다는 사실을 깨닫자, 프랑켄슈타인 박사가 꾸었을 법한 악몽을 경험했다. 그리고 자신이 양자역학에 발을 담갔다는 걸 후회하기도 했다. 아인슈타인도 양자물리학의 완전성을 의문시하면서 동료 물리학자들과 대놓고 대립했다.

"그건 이야기의 절반에 지나지 않아요." 아인슈타인은 이렇게 주장할 테다. "양자역학은 이례적인 실험 결과를 설명할 필요성에서 만들어진 불완전한 이론입니다. 원자의 작동 방식을 알려줄 최종적인 설명이 될 수 없다고요. 이 모든 확률과 불가사의한 행동 뒤에 근본적인 어떤 질서가 있어야 합니다."

"그런데 아인슈타인 교수님, 왜 그렇게 생각하십니까? 또 왜 그렇게 확신하시죠?"

"왜냐하면 세상이 무질서해서는 안 되니까요. 신은 주사위 놀이를 하지 않습니다."[12]

이것은 과학에서의 믿음이다. 신에 대한 믿음이 아니라 세계가 어떠해야 한다는 세계관에 대한 믿음이다. 아인슈타인이 한 이 유명한 말은 자연이 결정론적인 방식으로, 즉 본질적으로 무질서할 리가 없이 작동해야 한다는 그의 믿음을 암시한다. 그가 말한 신은 결정론적 규칙들을 따르는 자연, 즉 인간의 이성으로 (적어도 부분적으로는) 이해할 수 있는 자연을 가리킨다.

20세기 초반 동안 많은 과학자들이 새로운 양자 세계관을 마지못해 받아들였다. 오랫동안 고수해 온 과학자들의 철학적 가치 체계와 어긋났기 때문이다. 새롭고 뜻밖의 것과 맞닥뜨리면 어떻게 대응할 수 있을까? 두 가지 선택지가 있다. 하나는 새로운 견해를 수용하여 오래된 견해는 수정해야 함을 인정한다. 아니면 오래된 견해를 고수하면서, 오래된 것을 바탕으로 새로운 것을 설명할 더 심오한 방법이

12. 물론 이건 가상의 대화다. 하지만 분명 양자역학에 대한 아인슈타인의 느낌을 고스란히 반영한다. 유명한 일화로, 20세기 물리학의 또 다른 거장인 닐스 보어는 아인슈타인에게 이렇게 맞받아쳤다. "제발 신에게 이래라저래라 하지 마세요, 좀!"

있다고 믿는다. 두 번째가 아인슈타인의 선택이었다(슈뢰딩거, 플랑크, 드브로이 등도 마찬가지다). 요점을 말하자면, 결정적인 근거가 없을 경우 둘 중 어느 선택이든 믿음을 수반할 수밖에 없다. 그렇기는 하지만 우리는 과학적인 믿음과 전통적인 종교적 믿음, 즉 교리의 근본적 차이를 유념해야만 한다. 과학에서는 어떤 믿음도 반대 증거가 쌓여나가면 유지될 수 없다. 잘 확립된 사실을 거스를 수는 없다. 변화에는 저항이 생길지 모르나, 결국 그릇된 개념은 폐기된다(플랑크가 재치 있게 언급했듯이, 그릇된 개념이 폐기되려면 우선 오래된 경비병이 죽어야 될지 모른다). 종교의 경우 직접적인 증거가 숨어 있거나 진리 여부와 무관한지라, 믿음은 **언제나** 든든한 선택지가 된다.

하지만 과학, 특히 고에너지 물리학과 우주론에는 흥미로운 문제점이 하나 있다. 일부 이론들은 검증이 불가능하거나 틀렸음을 입증할 수 없을지도 모른다. 결코 죽지 않는 좀비와 마찬가지로, 어떤 물리적 과정에 관한 이론은 자꾸만 재정의를 통해 실험 내지 관찰에 의한 검사를 피해갈 수 있다. 해당 이론이 틀렸다는 증거가 나올 때마다 기준을 수정하여 새로 발표한 이론은 검증의 손길이 닿지 않는 예측을 내놓을 수 있다. 마치 천국에 이르는 계단처럼, 올라설 때마다 계단이 자꾸만 추가되는 형국이다.

이런 상황이 이론물리학에서 실제로 어떻게 벌어지는지 잠시 살펴보자. 관심 없는 독자는 다음 꼭지로 건너뛰어도 좋다. 하지만 나로선 여러분이 계속 읽어나가면 좋겠다.

믿음이 과학의 현장에서 어떤 역할을 하는지 탐구해 보고자
한다면 말이다.

◆　◆　◆

현재, 기초 이론물리학에 이런 상황에 딱 들어맞는 주
요 개념이 두 가지 있다. 바로 초대칭supersymmetry과 다중우
주multiverse이다. 둘 중 덜 특이한 것부터 시작해 보자. 초대
칭은 자연의 가설상의 한 대칭으로서, 모든 일반적인 물질
입자가 저마다의 초대칭 짝을 갖는다는 개념이다. 초대칭
짝은 거울 이미지와 조금 비슷한데, 다만 이 거울은 대상의
몇 가지 성질을 교묘히 바꾸어 버린다. 이 이론은 우리가 현
재 고에너지 물리학에서 맞닥뜨린 일련의 난제를 해결하는
데 도움을 줄 테지만 '기본' 입자의 수를 두 배로 늘리고 만
다. 초대칭 이론의 핵심 예측은 두 입자 중 가벼운 쪽이 안
정적이어야 한다는 것이다. 즉 가벼운 입자는 붕괴하여 더
가벼운 입자나 입자들로 변환되지 않는다.[13] 달리 말해 초대
칭 이론에 따르면, 어떤 기본 입자든 전자처럼 안정적인 새
로운 입자가 존재해야 마땅하다. 그리고 만약 새로운 입자
가 존재한다면 우리는 LHC와 같은 가속기에서 또는 우주

13. 불안정한 입자는 저절로 붕괴하여 더 가벼운 입자로 변환될 수도 있다. 사
실 대다수 입자도 마찬가지다. 가령 고립된 중성자 하나는 약 15분이 지
나면 양성자 하나, 전자 하나 그리고 '전자-반중성미자electron anti-neutrino'
라는 특이한 형태로 붕괴된다.

에서 날아오는 우주선cosmic rays이라는 입자를 연구하는 검출기를 통해서 그 입자를 검출할 수 있어야 한다. 하지만 지난 수십 년 동안 줄기차게 찾았는데도 이 가상의 입자는 발견되지 않았다. 다른 모든 물질 입자에 질량을 부여하는 입자인 힉스 보손이 발견된 LHC의 첫 번째 가동에서도 말이다.

2015년 4월, 과학자들은 이전보다 두 배의 에너지를 가해서 LHC를 재가동했다. 충돌 에너지가 클수록 더 무거운 입자가 발생된다. 초대칭 이론의 옹호자들 대다수는 이렇게 믿는다. 즉 새 데이터가 적절히 분석될 즈음에(이 책 초판이 발간될 2016년 무렵에) 새로운 입자가 마침내 검출될 것이라고 말이다. 만약 검출된다면 우리는 매우 흥미진진한 고에너지 물리학의 새 시기로 진입할 것이다. 하지만 만약 아니라면? 초대칭이 자연을 설명할 수 있는 이론이라는 주장이 폐기될까?

여기서부터 재미있어진다. 고에너지 물리학계의 의견은 갈릴 것이다. 그런 기미가 이미 드러나고 있다. 일부는 항복하여 초대칭이 틀렸다고 인정할 것이다. 다른 일부는 인정하지 않고서 이렇게 주장할 것이다. 증거의 부재가 부재의 증거는 아니며, 현재나 미래의 측정 장치에서 가하는 것보다 훨씬 더 높은 에너지를 가하여 언젠가는 초대칭이 발견될 것이라고. 이들한테 초대칭은 물리적 실재의 근본 원인으로서 일종의 신조 내지 검증 불가능한 가설, 즉 무형적인 믿음이 될 것이다. 그런데 검증 불가능한 가설은 비록 일시적으로는 외삽과 추론에 유용하더라도, 만약 그 가설에 따른 예측이 검증될 수 없다면 영구적인 과학적 가치가 별로 없다. 편리하거나 심지어 멋진 개념일 수는 있겠지만, 그것이 자연과 관련이 있는지를 우리가 어떻게 알 수 있는가? 나로서는 LHC 데이터가 발표되어 이 사안을 해결할 수 있기를 학수고대한다.[14]

한편 다중우주는 우주를 통째로 연구하는 물리학 분야인 우주론 중 하나다. 만약 여러분이 우주는 그냥 크다고 생각했다면, 다시 생각해 보시길! 다중우주의 핵심 개념은 우리의 우주는 유일하게 존재하는 우주가 아니라 다중우주라는 훨씬 더 큰 실체의 일부라는 것이다. 이에 관한 이론들마다 다중우주의 유형이 제각각이다. 일반적으로 다중우주는 저마다의 자연법칙을 지닌 엄청나게 많은 우주들의 모음이다. 마침 우리의 우주는 별들이 성장하여 생명체가 출현할 수 있는 행성이 적어도 하나는 존재하도록 물리법칙들이 작동된 우주일 뿐이다. 다른 우주가 어떨지(즉 해당 우주를 정의하는 물리법칙의 종류)는 이론에 달려 있다. 이 모든 이야기가 애매하게 들리는가? 애초에 '물리법칙'의 개념부터가 그렇다. 문헌에서 확인해 보면, 심지어 그냥 위키피디아만 보아

---

14. 내가 초대칭의 존재 여부에 관심이 매우 크기 때문만이 아니라 고든 케인과 내기를 했기 때문이다. 미시건대학교 교수인 그는 초대칭 분야의 세계적인 전문가 중 한 명이다. 내기에 걸린 물품은 15년 숙성된 위스키 맥캘란이다. [편집자 주: 한국어판이 발간될 즈음에도 아직 LHC에서 초대칭 입자는 검출되지 않았다.]

도 금세 알 수 있듯이, 과학자들이 합의한 물리법칙의 목록은 결코 한 가지가 아니다. 에너지 보존의 법칙과 전하량 보존의 법칙과 같은 명백한 법칙도 일부 존재하지만, 조금 더 살펴보면 상황은 금세 혼란스러워진다. 따라서 물리학자들이 상이한 물리법칙을 지닌 우주를 특히 다중우주의 맥락에서 논할 때, 우리는 그들이 하는 말을 잘 걸러 들어야 한다. 논의의 해답은 다중우주를 생성하는 이론의 유형에 따라 다르게 나온다.

유명한 사례로서 이른바 '끈 이론 풍경string theory land-scape'을 살펴보자. 이 표현은 많은 설명이 필요하다. 끈 이론은 우리가 세계를 보는 방식에 급진적인 변화를 가져온 이론들의 집합이다(철학자들은 이를 가리켜 존재론적 전환ontological shift이라고 즐겨 부른다). 끈 이론에서의 근본적인 실체는 작은 레고 블록처럼 물질을 이루는 기본 입자가 아니라, 매우 순수한 에너지를 갖는 지극히 작은 진동 관이다. (보통 손가락으로 현의 다른 부분을 누름으로써) 진동하는 현의 길이를 바꾸면 현악기의 소리가 달라진다. 가령 현이 짧아질수록 음(진동수)이 높아진다. 마찬가지로 끈 이론에서의 끈은 서로 다르게 진동할 수 있고, 그 각각의 진동이 상이한 기본 입자에 대응한다. 다시 말해 하나의 근본적인 실체가 기본 입자들의 전체 계열을 생산할 수 있으므로 매우 경제적이다.

안타깝게도 인생은 그리 단순하지 않다. 끈 이론이 물리적으로 타당하려면, 즉 현실 세계에 관해 합리적인 예측을 내놓으려면, 필수적인 성질 두 가지가 있어야 한다. 첫째, 초대칭이어야 한다. 둘째, 우리 주위에 보이는 공간보다 여섯 개가 더 많은 아홉 개의 공간 차원에서 구성되어야 한다. 초대칭에 대한 문제는 앞서 논했다. 만약 초대칭이 자연의 한 속성이 아니라면, 끈 이론(실제로는 초끈 이론)은 더 말할 것도 없이 그냥 틀렸다. 그리고 우리가 사는 세계가 실제로는 9차원이라면, 나머지 여섯 차원은 도대체 어찌된 셈인지 밝혀내야 한다. 살짝 덧붙여 설명하자면, '차원dimension'이란 움직임이 생길 수 있는 공간의 방향을 표현하는 방법이다. 직선은 1차원 공간이다. 직선상의 한 대상은 직선을 따라 위아래로만 움직일 수 있기 때문이다. 직선이나 원둘레상에 있는 사람의 위치를 알려면, 하나의 수(기준점에서의 거리 또는 기준 각에서 벌어진 각)만 알면 된다. (책상 윗면과 같은) 평면은 2차원이다. 한 대상이 두 가지 방향으로 움직일 수 있기 때문이다. 우리가 존재하는 공간은 3차원이다. 우리는 바닥 면을 따라서, 그리고 위아래로 도약해서 움직일 수 있다. 여분의 차원이 존재하더라도 우리는 보지 못한다. 현미경이나 LHC와 같은 입자가속기로도 마찬가지다. 어리둥절한 독자도 있을지 모르겠다. 왜 차원을 논하는 데 현미경과 가속기가 등장하는지 모르겠다고. 이유는 이 여분 차원들이 매우 작을 수 있기 때문이다. 가령 그 차원들이 반지름이 지극히 작은 일종의 6차원 공 형태로 돌돌 말려 있을 수 있다. 이미지를 떠올려보기 위해 단순한 상황, 가령 긴 밧줄을 하나 상상해 보자. 아주 멀리서 보면 밧줄은 직선처럼 보이며 따라서 1차원 공간처럼 보인다. 하지만 밧줄에 가까이 다가가면 '여분의' 차원이 보인다. 다시 말해 밧줄의 두께가 드러나는데, 이제 그것은 직선상의 각 점마다 아주 작은 원이 붙어 있는 모습이라고 할 수 있다(쭉 뻗어 있는 밧줄은 근사적으로 보자면 매우 긴 원기둥에 가깝다). 여분의 차원은 지극히 작기 때문에 아주 근접해서 살피거나 확대시켜야만 볼 수 있다.

현미경 그리고 더 극적인 장치인 입자가속기는 일종의 확대경으로서, 작은 여분 차원을 포함하여 작거나 보이지 않는 것들을 볼 수 있도록 해준다.[15] 여태껏 여분 차원은 어디에서도 그 흔적을 찾을 수 없었다. 그렇다고 없다고 결론내릴 수는 없는데, 왜냐하면 여분 차원은 우리가 탐지할 수 있는 것보다 훨씬 더 작을 수 있기 때문이다. 정말로 너무나 작아서 탐지할 엄두도 낼 수 없는 정도 말이다. 앞에서도 이런 상황을 설명한 적이 있다. 만약 여분 차원을 직접 탐지할 수 없다면, 어떻게 그게 존재한다고 확신할 수 있을까? '확신'이라는 단어는 과학에서 사용하기에 보통 적합하지 않다. 만약 관찰해 보니 여분 차원을 가정한 일부 예측이 옳다고 확인된다면, 여분 차원이 존재한다는 간접 증거가 생겼다고 말할 수 있을 뿐이다. 가령 여분 차원 공간의 크기와 관련된 성질을 지닌 어떤 입자들이 등장하리라고 마땅히 기

---

15. 더 정확히 말하자면, 여분의 차원이 우리 눈에 '보이지'는 않는다. 그 방향으로 가는 입자가 흔적도 없이 사라지는 듯 보이므로, 검출기에서 '에너지 실종'으로 해석될 뿐이다. (유령이 여분 차원의 공간 속으로 들어간다는 건 말도 안 된다!)

대할 수 있다. 하지만 이러한 예측들은 부차적이다. 초끈 이론에서 나온 실로 놀라운 예측에서는 우리 우주 전부가 그런 여분 차원들의 결과라고 한다. 관찰되는 속성들, 입자들의 종류, 질량 및 전하 등등(존재하는 모든 것)이 기반이 되는 끈 이론의 결과라는 것이다!

당연하게도 나는 대학원 시절에 끈과 사랑에 빠졌고, 박사학위 주제도 세 개의 공간 차원보다 더 많은 차원을 가진 우주에 관한 우주론이었다. 우리 우주가 다차원 공간에서 태어났다면, 그리고 우주의 모든 속성이 여분 차원의 기하학에 의해 결정된다면 이 우주가 얼마나 멋지고 아름다울 것인가. 그야말로 과학의 가장 장대한 목적, 즉 모든 것everything을 이해하는 일이 아닐까?[16] 그렇다면 과학은 모든 비밀을 드러내는 신탁이 될 것이다.

이런 종류의 기대를 아인슈타인에게서, 그리고 그보다 훨씬 이전인 고대 그리스의 철학자 플라톤에게서도 찾을 수 있다.

문제는 이거다. 여섯 차원을 지닌 공간은 온갖 방식으로 비틀리고 접히고 잘릴 수 있기에(찰흙으로 만든 공을 상상해 보길), 각각의 기하학적 가능성 또는 구성은 각기 다른 3차원 우주에 대응한다. 즉 여분 차원들의 기하학적 규칙이

---

16. 여기서 나는 여러분이 기타를 치거나 치지 않는 이유라든지 내일 무슨 일을 할 건지를 이야기하는 게 아니다. 여기서 말하는 "모든 것"이란 물리적 우주의 속성들을 가리킨다. 특히 기본 입자들 및 그 상호작용들의 속성들을 가리킨다.

저마다 다른 3차원 우주의 물리적 규칙으로 변환된다. 모든 종류의 6차원 공간을 다 센다면 우리는 터무니없을 정도로 많은 가능한 우주들에 이르게 된다. 가령 10^{500}개의 우주. 이것은 오늘날 끈 이론의 살짝 슬픈 처지다. 여분의 여섯 차원의 독특한 기하학적 배열로부터 우리 우주를 예측하겠다는 **유일한** 이론으로서의 원래 매력은, 저마다 다른 물리법칙 집합을 지닌 난장판 우주들로 전락하고 말았다.

이 광란의 덩어리에서 어떻게 '올바른' 집합(우리 우주를 표현하는 물리법칙들)을 골라내야 할까? 우리가 사용해야 할 선택 기준은 무엇일까?

이것이 바로 초끈 이론의 고민거리다. 우리 우주를 **유일하게** 가능한 해답으로 삼을 이론이었다가, 이제는 모든 종류의 우주가 가능한 이론이 되어버렸다. 하지만 물리학자들은 지략 있는 집단이어서 곧 잠정적인 해결책을 제시했다. 우리의 우주가 될 **유일한** 해법을 강조하는 대신에, 방향을 완전히 바꾸어서 우리 우주는 다른 많은 우주들 가운데 한 가능성임을 맘 편히 인정하자고 주장하는 것이다. 우리 우주의 물리적 파라미터들의 값(입자의 질량과 전하 그리고 우주가 얼마나 빠르게 팽창하는지 등)은 우리가(즉 생명체들이) 여기에 존재할 수 있도록 우연히 그렇게 된 것이다. 우리 우주의 속성을 알게 되면, 우리와 같거나 매우 비슷한 우주들이 존재할 수 있는 물리적 파라미터의 값을 좁힐 수 있다. 그런 값을 콕 집어 예측할 수는 없지만, 그런 예측은 일찍부터 끈 이론의 고상한 목표였다.

비록 끈 이론에 대한 이런 소박한 접근법을 따라서 다중우주 풍경마다 상이한 물리적 파라미터들의 가능성(파라미터 값마다 상이한 우주가 대응된다)을 고려하더라도, 여전히 우리는 다른 우주들을 직접 탐지할 수 없다. **다중우주는 직접적으로 검증할 수 있는 물리적 실체가 아니다.** 그런 우주가 존재할지 여부는 알 수 없다. 앞서 말했듯이 우리가 우주에 대해 측정할 수 있는 것은 정보의 거품 내부에 국한된다. 우물 안 개구리처럼 바깥에 있는 것은 알 수 없다. 우주의 정보 거품이 정말로 반지름이 460억 광년일 정도로 거대하더라도, 여전히 유한한 크기일 뿐이다. 다른 우주들은 필연적으로 그 바깥에 있다.

유용한 비유를 하나 들어보자. 해변에서 수평선 쪽을 바라보면 하늘과 바다가 맞닿은 것처럼 보인다. 수평선 너머로 바다가 더 멀리 펼쳐져 있다고 우리는 알지만(고대인들처럼 수평선이 세상의 끝이라고 믿지 않는다면), 그 바다를 볼 수는 없다. 어렸을 때 종종 나는 침착하게 낚싯대를 쥐고 앉아 물고기가 잡히길 기다렸다. 멀리서부터 큰 배가 다가오는 모습이 보이곤 했는데, 선체보다 돛이 먼저 보였기에 분명 배가 수평선 너머에서 올라온다는 걸 알아차릴 수 있었다. 우주도 마찬가지다. 우리가 우주에 관해 모으는 모든 정보는 다양한 종류의 빛, 더 정확하게는 전자기파로부터 나온다. 망원경이 하는 일도 바로 다양한 종류의 전자기파를 모으는 것이다. 우리는 사물을 직접적으로(가시광선을 통해) 영상화하거나, 사물에서 나오는 적외선이나 자외선 또는 X

선이나 전파를 탐지한다. 우주도 우리처럼 생년월일이 있기에 지평선이 있다. 그때 일어난 일은 흐릿하게 남아 있지만 (나중에 더 자세히 다루겠다), 당신이 알고 있는 그 시간은 약 138억 년 전에 째깍거리기 시작했음을 우리는 분명히 안다. 이게 무슨 뜻이냐면, 초당 36만 킬로미터라는 엄청난 속력으로 이동하는 빛은 이 유한한 양의 시간 동안 유한한 거리만 주파할 수 있다. 이 거리가 우주의 지평선, 즉 정보 거품의 반지름을 결정한다. 이 거품 너머의 것은 죄다 우리의 도달 범위를 벗어난다. 해변에서 보이는 수평선 너머에 더 큰 바다가 있듯이, 아마 우리 우주의 지평선 너머에도 더 큰 우주가 있을 테다. 하지만 엄밀히 말해서, 비록 매우 합리적인 추론일 수는 있겠지만 그렇다고 (우리가 수평선 너머에도 바다가 있을 수 있다고 확신하는 것만큼) 확신할 수는 없다.

우리가 할 수 있는 최선은 다중우주의 간접 증거를 찾을 수 있기를 바라는 일뿐이다. 얼토당토 않는 생각이지만 만약 다른 우주가 '어딘가에' 존재한다면, 과거에 우리 우주와 충돌했을지도 모른다. 우주와 우주의 충돌은 매우 극적인 사건일 수 있다. 분명 그런 충돌이 실제로 일어났는데 우리가 생존해서 그 이야기를 할 수 있다면, 정면 충돌보다는 스치기에 더 가까웠을 것이다. 어쨌든 간에 그런 접촉은 우리의 우주 지평선 내에 어떤 신호, 즉 우리 정보 거품 속의 미세한 파동을 남겼을 수 있다. 이 파동은 옷감 위의 무늬처럼 우주배경복사cosmic microwave라는 우주 공간에 퍼져 있는 복사선에 매우 특이한 형태로 새겨졌을 것이다. 비록 아직까지는 아주 희망적인 탐색 결과가 나오진 않았지만, 우리 우주 내의 무언가가 까마득한 우주적 충돌의 흔적을 간직할 지 모른다는 점만은 흥미진진하다.

◆　◆　◆

　　이쯤에서 난감한 문제는 과학자들의 그런 신념을 어떻게 해야 하는가이다. 데이터(과학의 생명줄)가 너무 오랫동안 또는 무한히 부재할 때 상황은 엉망진창이 되고 만다. 꿈과 열망을 품은 인간인지라 과학자는 완벽하지 않다. 과학의 실행 과정은 그 실행자들을 엄연히 반영하는데, 특히 지식의 경계가 애매한 실행 도중의 상태에서 그렇다. 내가 격정하는 건 사람들이 하나의 개념에 너무 빠져든다거나 그 매력에 혹해서 판단력이 약해지는 게 아니다. 열정과 비판적 사고가 언제나 양립하지는 않지만, 과학적 지식은 적어도 장기적으로는 그런 열정에 흔들리지 않게끔 구축되어 나가기 마련이다. 만약 데이터를 입수할 수 있다면 결국엔 해결될 것이다. 문제는 우리가 오랫동안 제기된 가설을 반박할 수 있을 만한 데이터를 얻을 수 없을 때 시작된다. 그러면 위험천만하게도 우리는 열정에 눈이 먼 나머지, 모든 정황이 그 열정을 내려놓으라고 알려주는데도 내려놓을 수 없게 된다. 신념의 노예가 되고 만다.

　　물론 희망이야말로 창조성의 핵심 동력이기도 한 데다 마음에 들어온 생각을 언제 버려야 하는지가 늘 분명하지는 않다. (한 개인의 경우 이런 문제가 생길 때 종종 매우 고통스러운 결과가 초래된다. 가령 이런 식으로. "그녀가 언젠가는 날 사랑하게 될 거야. 내가 그녀를 얼마만큼 사랑하는지 계속 보여줘야만 해…….")

하지만 고집이 비극적 환상이 되는 지점은 분명 존재한다. 미국인으로서 최초로 노벨상을 받은 물리학자 앨버트 마이컬슨조차 죽을 때까지 에테르(빛 파동을 전파시키는 매질이라고 여겨진 물질)의 존재를 믿었다. 비록 자신이 한 수십 년간의 실험이 에테르를 부정하는 핵심 증거였는데도 말이다.[17] 마이컬슨과 같은 사례는 많다. 그리고 여러분이 사랑하는 이가(그리고 이 사람에게서 사랑을 돌려받길 원할 때) 남의 품에 안겨 있는 모습을 보면 얼마나 참담한가? 앞의 문장에서 "여러분이 사랑하는 이"를 "자연이 작동하는 방식에 관한 여러분의 이론"으로 바꾸고 나면 상황이 이해될 것이다. 내 생각이 틀리다는 것은 가슴 아픈 일이다. 틀린 것이 단지 한 개념이 아니라 하나의 전체 세계관일 때에는 훨씬 더 가슴 아프다. 낚시꾼이라면 누구나 알다시피 아무리 오랫동안 노력해도 물고기가 잡히지 않는다면 짐을 챙겨 집으로 돌아가는 게 상책이다. 적어도 사랑과 낚시의 경우 우리는 다시 시도할 수 있다.

---

17.   물이나 소리의 파동은 매개 물질이 있어야 전파되는 데 반해 빛(전자기파)은 빈 공간, 즉 진공에서도 전파된다.

코파카바나의 마법사

살면서 이상한 일, 설명되기를 거부하는 사건을 겪어보지 않은 사람이 있을까? 왜 그런 이상한 사건이 다만 우연일 뿐인지에 관해, 그리고 우리는 의미를 추구하는 존재이므로 어떻게든 그런 사건에 의미를 부여하는 존재임을 길게 주장하는 대신에 기이한 이야기를 하나 전해드리겠다. 적어도 나로서는 도무지 설명이 불가능한, 머리카락이 곤두서는 사건이다.

　　열일곱 살 때 나는 리우데자네이루에서 끔찍한 대학 입학시험 공부에 한참 열심이었다. 고등학교에 갈 정도로 행운인 대다수 브라질 십 대들의 끔찍한 통과의례였다. 과장이 아니라, 그 시험에 비하면 미국의 SAT는 초등학교 5학년용 퀴즈처럼 보인다. 입학시험에서는 대수학에서부터 세계사와 유전학까지 온갖 주제에 관한 질문들에 답을 내놓아야 했다. 최고 대학들에 있는 몇 백 개의 탐나는 자리를 차지하려고 똑똑한 학생 수만 명과 경쟁을 치르는 것이다. 십 대가 대학을 부모 통제에서 벗어나는 수단으로 여기는 미국의 상황과 달리(반면에 부모는 자녀의 변덕스럽고 반항적인 심리에서 벗어나는 데 꼭 필요한 수단으로 여긴다) 브라질에서 대학생들은 대체로 자기들이 자라왔던 곳, 부모님 댁이 있는 도시에 남는다. 가족 역학관계의 핵심적 차이는 제쳐두고서라도, 이런 점은 또한 브라질 학생들이 진학할 좋은 학교를 선택할 범위가 매우 제한된다는 뜻이기도 하다. 내 경우에는 선택지가 두어 군데뿐이었다. 설상가상으로 나의 두 형 모두 굉장히 뛰어난 학생이어서 그들이 원하던 최상위권 대학에 진학했다. 자의와 타의에 의한 심리적 압박이 엄청났다.

부모님은 디너파티를 여는 걸 좋아하셨다. 적어도 한 주에 한 번씩은 여셨다. 그때는 1976년이었는데, 포르투갈의 상류층들이 브라질로 많이 넘어왔을 때였다. 1974년 4월 25일 카네이션 혁명 후에 권력을 잡은 사회주의 정권을 피해 넘어온 사람들이었다. 그 빨간색 꽃은 혁명의 상징이 되었다. 군중들의 열화와 같은 성원 속에 승리한 군대가 리스본 거리를 행진할 때, 한 군인의 소총 총열에 그 꽃이 꽂혀 있었기 때문이다.

아버지의 직업은 치과의사였는데, 진짜 재능은 다른 데 있었다. 당신 스스로만 빼고 모두 다 아버지를 좋아했다. 매력적이고 똑똑했으며 음악을 듣는 귀가 뛰어났고, 정원 가꾸기와 골동품에도 열정이 남달랐다. 인맥도 넓었던지라 새로 도착한 포르투갈 이민자들이 아버지의 치과로 몰려들었다. 그들은 열대의 리우데자네이루에서 유럽인의 정신을 지닌 아버지를 만나서 반가워했다. 정치적으로 아버지는 오른쪽으로 기울어 있었기에 그들은 아버지를 무척 좋아했다.

어느 날 점심 식사 때 아버지는 조만간 아주 중요한 손님이 오는 디너파티가 열릴 거라고 말했다. 포르투갈의 전직 법무장관인 세뇨르 주앙 루사스와 리스본 출신의 몇몇 친구들이 온다고 했다. 새어머니는 아버지보다 훨씬 더 파티를 즐기는지라, 입맛을 다시며 적절한 메뉴를 생각하기 시작했다. "메인 메뉴는 바칼라우 이스피리투알bacalhau espiritual이어야 해!" 새어머니는 상상 속에서 이미 식사 중이었다. '영적인 대구spiritual cod'라는 뜻의 이 음식은 계란을 많이 넣어 만든 수플레 같은 맛이 난다. 만약 음식 속에 영혼을 넣을 수만 있다면, 영혼만큼이나 가볍다. "포르투갈에서 오는 손님들한테 그 나라 음식을 우리가 더 잘 할 수 있다는 걸 보여주자." 식민지 국가의 복수를 벌이자는 말! (영국과 포르투갈의 음식 전통을 비교해 볼 때, 내가 보기엔 이 복수는 영국에서 더 쉽게 성공할 수 있다.)

준비하느라 온갖 야단법석을 떤 후에 마침내 디너파티의 날이 왔다. 저녁 8시가 되자 모든 손님들이 거실에서 잡담을 나눴다. 전례 없이 멋지게 차려입은 아버지가 전직 장관에게 다가갔다. 멋진 코가 돋보이는 자그마한 체구의 이 남자는 꽃무늬 비단 손수건을 남색 재킷의 왼쪽 주머니에 꽂아두고 있었다.

"장관님, 한 잔 드실래요?"

"위스키가 좋겠군요."

아버지는 금세 위스키를 들고 나타났다. 꼼꼼한 성격인지라 아버지는 모든 주류를 술 저장고로 꾸민 오래된 샤워실에 보관했다. 전직 장관은 한 모금 마시더니 잠깐 멈췄다. 두 눈을 동그랗게 뜬 채로.

"오, 미안한데 이건 위스키가 아니군요."

"뭐라고요? 무슨 말씀이신지?"

"차예요. 네, 분명 차예요. 좋은 차니까 신경 쓰지 마세요, 하지만 그냥 차네요."

"그럴 리가요! 제가 한번 마셔보죠." 아버지는 크리스털 잔을 장관에게서 건네받았다. "세상에! 차네! 정말 죄송합니다! 어떻게 이런…… 곧 돌아오겠습니다. 장관님, 잠시만 기다리세요."

아버지는 술 저장고로 달려가서 조금 전에 장관에게 주었던 그 병의 위스키를 맛보았다. 차였다. 선반에 있는 개봉된 네 개의 위스키 병 중 다른 세 병을 살펴보았다. 전부 차였다. 화들짝 놀란 아버지는 코냑도 맛보았다. 역시 차였다. 호박색 술병들에 모조리 차가 들어 있었다. 코파카바나의 선량한 치과 의사 선생님은 분노 폭발 직전이었다.

아버지는 주방으로 달려갔다. 요리사인 마리아 아주머니가 대구 수플레를 놓고서 뭐라고 중얼대고 있었다. 분명 예만자Yemanjá나 다른 정령을 불러내는 기도였다. 마리아 아주머니는 50대 후반의 체구가 작은 흑인이었는데, 까만 두 눈이 반짝반짝했다. 무슨 옷차림을 하든지 간에 늘 흰색 터번을 머리에 둘렀다. 그게 무슨 뜻인지는 누구나 알았다. 마리아는 마쿰바Macumba의 고위 여사제였다. 마쿰바는 브라질에 널리 퍼진 혼합 종교로서, 아프리카의 흑마술이나 물신 숭배가 가톨릭 요소들과 섞여서 만들어졌다. 영혼의 날인 월요일마다 무수히 많은 양초들이 전국 곳곳의 거리에서 불을 밝힌다. 죽은 오골계, 값싼 담배 그리고 반쯤 비어 있는 카샤사cachaça. 사탕수수를 증류해서 만드는 술로 브라질 사람들이 많이 마신다 병등의 공양물과 더불어 사랑하거나 미워하는 이의 사진도 놓아둔다. 마쿰바 의식에서는 술을 많이 마시고 성가를 많이 부른다. 이런 의식을 통해 '접신자들'은 망자의 영혼을 '영접' 할 수 있는 황홀 상태에 빠져든다. 일단 홀리고 나면 그들의 등이 굽고 눈이 뒤집히고 불규칙적인 몸짓을 하면서 중요한 고민거리에 대한 조언을 해준다. 이때 딴 세상 사람 같은 목소리를 내는데, 마치 술 취한 요다가 내는 소리 같다. 마쿰바 종교에서 매우 존경받는 접신자들은 세상 너머와 이어지는 드문 정신의 소유자로서 저승과 소통하는 창구다. 마리아 아주머니도 그중 한 명이었다.

"마리아!" 아버지가 고함쳤다. 고주망태가 되어 있던 그녀가 화들짝 놀랐다. "저장고에 있던 술 다 마신 건가요?"

"네. 거의 다요." 마리아 아주머니가 음식 접시에서 눈을 거두지 않은 채 뻔뻔하게 대답했다. 아버진 화가 단단히 났다.

"내일 아침에 짐 싸서 나가요!"

그녀가 고개를 돌렸다. 이전에는 우리가 익히 알다시피 멍한 눈으로 몇 시간 동안 검은 콩이 든 큰 단지를 들고서 황홀 상태에서 좌우로 건들거렸다. 하지만 이번에는 달랐다. 멍한 눈빛이 아니었다. 분노의 불꽃을 내쏘고 있었다. 아버지는 한 걸음 물러났다. 나는 아버지 바로 뒤에 서 있었는데, 아버지의 손이 천천히 왼쪽 주머니에 들어가는 모습이 보였다. 아버지가 늘 마늘 한 줌을 넣어두는 곳이었다. 아버지의 세계에서는 악마가 언제라도 뛰쳐나올 수 있었다. 그것은 영원한 전쟁이었다.

"나갈게요, 의사 선생님. 하지만 이 집에 무슨 일이 생길 겁니다. 두고 보세요!"

저주였다! 마쿰바의 고위 여사제인 마리아가 우리 집에 **저주**를 내렸다. 나쁜 조짐이었다. 아버지는 VIP 손님을 떠올리고서 파티로 되돌아갔다. 마개를 뽑지 않은 시바스리갈 한 병을 손에 들고서.

이튿날 아침 마리아 아주머니가 나를 주방으로 불렀다. 이미 싸둔 짐을 아래층으로 내리는 걸 도와달라고 했다. 아주머니의 눈길을 애써 피하려고 했지만 소용이 없었다. 두 눈은 여전히 이글거렸다. 갑자기 아주머니가 내 어깨를 잡더니 나를 빤히 바라보며 말했다.

"얘야, 너한텐 코르포 페샤도corpo fechado가 있어. 그 무엇도 널 해치지 못할 거다."

나는 잔뜩 겁을 먹은 채로 몸을 비틀어 떼면서 고맙다고 말했다. 코르포 페샤도는 말 그대로 '닫힌 몸'이라는 뜻인데, 어떤 사람을 악마한테서 보호해 주는 일종의 정신적 방패다.

이후 며칠 동안 아버지는 베란다에서 다른 식물들과 함께 기르는 운향을 면밀히 살폈다. 브라질에서 많은 사람들은 운향이 일종의 사악한 기운의 엽록소 측정기라고 믿는다. 사악한 의도를 지닌 사람이 집에 들어오거나 가족 중의 누군가에게 사악한 눈짓을 보내면 그 식물이 시들어 버린다고 말이다. 다행히 운향은 건강해 보였다. 부모님은 흰색 터번을 두르지 않는지 확인한 후에 새 요리사를 고용했다. 이후 우리는 그 사건을 한동안 잊고 지냈다.

한 달쯤 지났을 때였다. 방에서 공부를 하고 있는데 등 줄기에 한기가 느껴졌다. 이상했다. 리우데자네이루의 11월 은 섭씨 32도쯤 되니까. 수학 문제에 집중하려고 했지만 그 럴 수가 없었다. 뭔가에 사로잡힌 듯 복도를 따라 다이닝룸 으로 가고 싶어졌다. 로코코 양식으로 된 우리 집 식탁 양 끝에는 순도 높은 크리스털 장식이 붙어 있었다. 상석에 있 는 아버지 자리 뒤에는 유리문과 세 개의 유리 선반이 달린 벽장이 있었다. 거기에다 부모님은 '사용하기에는 지나치게 좋은' 보헤미아 크리스털로 만든 와인 잔들을 보관해 두었 다. 일부 유리잔에는 금테가 둘러져 있었고 또 어떤 유리잔 에는 꽃무늬가 아름답게 새겨져 있었다. 식탁의 반대편 끝 에는 황동으로 만든 이동식 탁자가 있었다. 탁자의 맨 위 유 리 선반에는 포트와인, 셰리주, 리큐어 등이 든 온갖 색깔의 크리스털 병들이 놓여 있었는데, 각각의 병마다 작은 은 목 걸이가 꼬리표처럼 달려 있었다. 전부 장식용이었다. 우리 가족은 사실 아무도 술을 마시지 않았으니까.

나는 식탁 옆에 좀 멍하니 서 있었는데, 문득 어떤 미묘 한 소리에 이끌려 벽장을 바라보게 되었다. 바로 그 순간, 맨 위 선반이 둘로 쪼개졌고 무거운 유리잔들이 모조리 밑의 두 번째 선반 위로 떨어졌다. 그러자 두 번째 선반도 깨지면 서 유리잔들이 죄다 제일 아래 선반 위로 와장창 떨어졌다. 수십 개의 값비싼 골동품 잔들이 순식간에 박살났다. 숨 돌 릴 틈도 없이 또 깨지는 소리가 나기에, 식탁 반대편 끝에서 이동식 탁자로 눈길을 돌렸다. 눈 깜짝할 새에 맨 위 선반이 무너지면서 크리스털 병들이 모조리 바닥으로 쏟아져 내렸다. 귀청을 찢을 듯한 굉음과 함께 유리잔 파편이 사방으로 튀었다. 나는 온몸이 마비되었다. 새 요리사가 주방에서 달려와 몸에 성호를 그었다. 요리사는 짐을 싸더니 그날 밤 떠나버렸고 두 번 다시 나타나지 않았다.

사시나무 떨 듯 몸을 떨면서 나는 근무 중인 아버지한테 전화를 걸었다. "저주예요, 아빠. 마리아 아주머니가 건 저주요! 모든 게 바로 내 앞에서 무너져 내렸어요. 벽장과 이동식 탁자가 거의 동시에요!"

"아무것도 만지지 마라! 아빠가 집에 가마!"

가엾은 아버지. 그 사건은 아버지의 마음속에서 죽은 자의 세계와 산 자의 세계를 나누었던 얇은 막을 찢어버렸다. "요 노 크레오 엔 라스 브루하스 페로 케 라스 하이, 라스 하이Yo no creo en las brujas pero que las hay, las hay. 마법을 믿지 않지만, 분명 마법이 존재하긴 해"라고 아버지는 말씀하곤 했다. 그날 후로 어떻게 안 믿을 수가 있었겠는가?[18]

필히 우리 집에서 일했던 요리사는 마쿰바 최고 마녀가 틀림없었다. 나는 기절초풍했다. 어떻게 그런 일이 생길 수 있담? 우연의 일치라고? 물론 벽장과 이동식 탁자, **둘 중 하**

---

18. 이 말은 심지어 브라질에서도 늘 포르투갈어가 아니라 스페인어로 한다. 아버지는 그게 스페인 작가 페데리코 가르시아 로르카한테서 나온 말이라고 하지만, 나로서는 확인할 수가 없었다.

나만 그랬다면 우연이라고 할 수도 있다. 선반에 무리가 가해졌고 과적상태인 데다 열대지역의 습도에 다년간 노출되었기에 선반을 지탱하는 나무 핀이 썩어서……. 하지만 벽장과 이동식 탁자가 거의 동시에? 그리고 지진이라든가 심지어 가벼운 떨림도 없는 지역에서? 어쩌면 일종의 공진 효과, 즉 크리스털이 깨지는 특정한 음파의 진동수가 더 많은 크리스털이 부서지게끔 유도했을 수 있을까? 글쎄다. 근처를 날던 제트기로 인한 초음속 충격파였을까? 아니다. 일어난 일은 일어난 일이라고 받아들이자. 매우 특이한 유령 같은 동시성 현상이라고 말이다. 무슨 합리적인 설명을 갖다 대도 말이 되지 않는다.

　　와인 잔과 술병에 일어난 그 재앙은 저주에 딱 들어맞았다. 그리고 내가 느낀 한기와 다이닝룸에 가고 싶은 충동은 또 뭐란 말인가? 내가 대단히 초자연적인 현상을 목격했음은 의심의 여지가 없었다. 마리아 아주머니가 나를 도구로 사용했을까? 그런 힘이 팔을 잡아끌었고, 일종의 최면 기법으로 나를 홀렸을까? 내가 일종의 몽유병 상태에서 모든 걸 부수고서 전혀 기억을 하지 못했을까? 그렇게 보긴 어렵다. 나는 최면이나 몽유병에 걸리는 편이 아니다. 그리고 내가 아는 한 나는 다중인격장애를 앓은 적도 없고 또 다른 나 자신이 겪은 일을 잊은 적도 없다. 비록 멀리서 바라보기만 했지만 나는 보헤미아산 크리스털 잔들을 맘에 들어 했다. 벽장과 이동식 탁자 둘 다 거의 완벽히 동시에 부서진 것은 엄연한 사실이다. 저주가 실현되었다. 코파카바나의 마녀가 최후의 웃음을 지었다. 요 노 크레오 엔 라스 브루하스 페로 케 라스 하이, 라스 하이. 이것은 내가 결코 풀지 못할 수수께끼다. 어쩌면 그러는 편이 더 낫다. 모든 걸 설명해야 하지도 모든 질문에 답이 있어야 하는 것도 아니다. 그랬다간 인생은 꽤 지루해지고 말 테다. 세상에 설명할 수 없는 일도 조금 있는 게 낫다. 이런 일들은 우리 삶에 약간의 긴장감을 불어넣는다.

이성, 신념 그리고 지식의 불완전성

그런 경험을 했던 열일곱 살 때 내 모습을 다시 떠올려본다. 나는 잔뜩 겁에 질렸었다. 사실 지금도 조금은 그렇다. 설령 겁에 질리진 않았더라도 적어도 온통 불가사의한 사건이었다. 내놓을 수 있는 설명은 뭐든지 내가 '정상'이라고 여기는 기준과 충돌했다. 만약 내가 모든 걸 부수어 놓고선 일종의 최면 상태에서 그 사실을 잊을 수 있다면, 내게 통제력을 벗어난 차원이 존재한다는 의미다. 그것만 해도 꽤 으스스하다. 만약 그게 아니라 어떤 초자연적 마법 때문이었다면, 내 세계관 전부를 뜯어고쳐야 한다. 만약 그 일이 완전히 자연적인 원인으로 생겼는데 내가(또는 나한테서 이 이야기를 들었던 다른 누군가가) 그게 뭔지 알아낼 수 없다면, 이 세계에는 우리가 아는 것보다 훨씬 더 많은 진실이 존재한다는 뜻이다. 이 마지막 선택지가 지금까지 최선이다. 세계를 이해하는 나의 능력에 관한 희망을 적어도 부분적으로는, 심지어 분명 이해 불가능해 보이는 것과 맞닥뜨렸을 때에도 지탱해 주기 때문이다. 어쨌거나 현대 과학은 매우 다른 것, 우리의 직접적 현실로부터 아주 멀리 있는 것을 이해하기 위한 도구가 아닌가? 과학은 불가사의한 영역을 탐사하여 이해를 조금씩 넓혀가고, 알려지지 않은 것을 알 수 있는 것으로 설명하는 일이 아닌가?[19]

그것이야말로 과학의 주된 목표다. 알려지지 않은 것을 끌어안고 이해하려 시도하는 일 말이다. 하지만 본디 지식이란 끝없이 습득해야 하는 것이다. 지식의 섬이 커질수록 무지의 땅, 즉 앎과 모름 사이의 경계도 커진다. 더 많이 알수록 모르는 것이 더 많아짐을 우리는 알게 된다. 과학사가 거듭거듭 가르쳐준 대로, 새로운 발견과 새로운 도구는 세계관을 몽땅 바꿀 수 있다. 우리가 망원경 이전과 이후에 하늘을 각각 어떻게 여겼는지 생각해 보라. 또는 현미경 이전과 이후에 생명을 각각 어떻게 여겼는지 생각해 보라. 이런 도구들은 우리가 자연을 그리고 자연 속 우리의 위치를 이해하는 방식을 바꾸었다. 예전에 우리가 인간을 우주의 정적인 중심에서 살고 있는 신의 피조물이라고 여겼다면, 지금은 우리 은하 내의 다른 수조 개의 세계들 중 하나인 작고 파란 행성에 살고 있는 진화된 유인원으로 여긴다.

---

19. 이에 반해 전통적인 종교는 알려지지 않은 것을 알 수 없는 것으로 설명하려고 하며, 불가사의를 먹고살고 나아가 그걸 더욱 키워나간다.

지식의 섬 이야기의 핵심은, 우리가 미지의 것들에 둘러싸여 있다는 점만이 아니라 또한 그런 미지의 것들 중 일부는 아예 알 수가 없다는 점이다. 과학이 다룰 수가 없는 질문들이 엄연히 존재한다는 뜻이다. 우리가 결코 설명할 수 없는 자연현상들이 존재한다. 이 선언은 과학이 모든 것을 정복할 수 있다는 일종의 과학 우월주의를 믿는 이들의 생각과 충돌할지 모른다. 글쎄, 과학은 모든 것을 정복할 수 없다. 우리 과학자들은 어디에 경계선을 그을지 아는 정직함과 솔직함을 갖추어야만 한다. 우리가 다룰 수 없는 것, 적어도 지금 이해하는 과학적 방법을 통해서는 해결할 수 없는 것을 있는 그대로 인정해야만 한다. 우주에서부터 인식 과정까지 지금 우리가 알 수 없는 것들을 몇 가지 얘기해 보겠다.

- 우주의 지평선 너머에 무엇이 있는지 우리는 알 수 없다. 다시 말해 빅뱅 이후로 빛이 이동한 거리, 즉 약 460억 광년에 의해 정의되는 정보의 거품 너머는 알 수 없다.
- 양자 수준에서의 근본적인 무작위성을 결정론적인 방식으로는 설명할 수 없고, 다만 측정 가능한 결과가 확률적임을 인정해야 한다.
- 어느 계system 내의 모든 명제를 증명할 수 있다는 의미에서 닫혀 있는, 자기지시적self-referential 논리계를 구성할 수는 없다. 이는 오스트리아 수학자 쿠르트 괴델이 불완전성 정리에서 밝힌 내용이다.

○ 컴퓨터는 자기 자신을 시뮬레이션에 포함시킬 수 없다. 그
러므로 원리상 우주 전체를 시뮬레이션하기란 불가능한데,
그 시뮬레이션은 필연적으로 자기 자신을 포함시켜야 하기
때문이다.

○ 인간은 자신의 의식을 이해하는 데 있어서 인지적인 장애
를 지니고 있는지도 모른다. 인지신경과학 및 관련 철학 논
의에서는 이 문제를 가리켜 '의식의 어려운 문제hard problem
of consciousness'라고 한다.

위에 나온 것들 각각에 대한 자세한 내용은 나의 이전
저서에서 다루었으니 여기선 그만 넘어가겠다. 물론 알 수
없는 것이라는 개념도 조심해서 살펴야 하는데, 오늘날 알
수 없을 듯한 것이 내일에는 알 수 있는 것이 될지 모르기
때문이다. 하지만 위의 사례들의 경우 알 수 없음으로부터
알 수 있음으로의 전환이 생기려면 물리적 실재에 대한 우
리의 이해에 아래와 같은 매우 근본적인 혁명이 필요할 것
이다.

○ 빛보다 빨리 이동할 수 있어야 한다. 또는 한 우주와 다른
우주를 잇는 이동 가능한 웜홀이 존재하고 안정적으로 작
동해야 한다.[20]

○ 양자물리학에 관해 완전히 새로운 사고방식이 개발되어야
하고, 이는 측정치의 무작위성을 설명해 내야 한다. 국소적
인 '숨은 변수hidden variable' 이론을 바탕으로 한 이전의 노

력들은 그런 설명을 해내지 못한다.

- 수학 분야에서 새롭고 독립적인 논리 구조가 만들어져야 한다.
- 기계가 자신을 시뮬레이션할 수 있는 컴퓨팅의 새로운 개념들이 등장해야 하는데, 이는 실현 가능성이 없을 듯하다.
- 인지신경과학을 궁지로 몰아넣는 주제, 즉 인간이 자신을 인식하는 능력이 복잡한 신경 활동의 창발적 속성으로서 설명되어야 한다.

어쨌든 이 미지의 것들은 모조리 한 가지 공통 속성을 지니고 있는데, 일종의 총체적 지식을 필요로 한다는 것이다. 즉 물리계나 생물계에 대한 모든 현상을 그 시스템 내부에서 아우르는 설명을 필요로 한다. 그런 총체적 지식은 아래 사항들을 가능하게 해준다.

- 우주 바깥으로 나가지 않고서도 우주 전체를 알게 해준다.
- 한 양자계 내의 결과들 각각의 상대적인 확률 가중치를 포함하여 한 양자계 내의 모든 가능한 결과들을 설명해 준다.
- 수학을 완전한 체계로 만들어준다.

20. 웜홀은 아인슈타인의 상대성 이론에서 수학적으로 가능한 시공간의 터널과 어느 정도 비슷하다. 지하철 터널과 비슷하게 우주 공간을 가로지르는 가상의 통로로 보아도 좋은데, 이런 내용은 아서 C. 클라크의 『2001 스페이스 오디세이』에 멋지게 묘사되어 있다. 안타깝게도 현재의 웜홀 모형들은 타당하다고 보기 어려운 아주 기이한 물리학을 요구한다.

∘ 스스로를 시뮬레이션할 수 있는 완전한 시뮬레이션이 가능해진다.

∘ 뇌를 총체적으로 설명할 수 있게 된다.

모든 것을 아우르는 지식을 가로막는 장벽들을 생각할 때면, 나의 지적 우상인 소설가 호르헤 루이스 보르헤스와 철학자 이사야 벌린이 떠오른다. 둘 다 그런 목표를 달성할 가능성이 없다고 주장한 사람들로서, 할 수 있는 일과 할 수 없는 일에 대해 우리가 겸손해지기를 요청했다. 둘은 그런 노력들이 얼마나 헛되고 그릇되었는지 설명했다. 그런 노력들이 우리가 분수에 넘치는 능력을 지녔다는 그릇된 확신을 심어준다고 꼬집었다. 또한 그런 시도들은 사회에 적용되면 매우 파괴적인 힘을 발휘한다고도 역설했다. 가령 그런 시도들에 근거한 가치 체계가 다른 가치 체계보다 우월하다는 그릇된 믿음에서 억압적인 이데올로기가 생겨난다고 말이다.

『바벨의 도서관』이라는 소설에서 보르헤스는 가상의 도서관 사서들에 대해 이야기한다. 이 도서관은 과거에 쓰인 모든 책과 앞으로 쓰이게 될 모든 책을 소장하고 있다. 사서들의 주된 임무는 목록들의 목록을 찾는 일인데, 그 목록은 무한한 도서관에 있는 모든 정보를 담고 있다. 분명 그 목록은 그것 자체를 명단에 포함시킬 또 다른 목록이 필요할 것이다. 이 구조는 무한한 겹의 양파와 같아서 바깥의 겹들이 영영 계속된다. 모든 지식을 담은 완전한 목록은 존재할 수가 없는데, 왜냐하면 어떤 목록이 자기 자신을 포함시킬 수 없기 때문이다. 그걸 포함할 또 다른 목록이 필요하고, 그 다른 목록은 또 다른 목록이 필요하고, 이렇게 무한히 계속된다. 보르헤스는 무한의 개념을 가지고 놀면서, 무한이란 하나의 개념으로서 존재할 뿐임을 보여준다. 즉 무한을 현실로 변환시키려는 어떠한 시도도 실패할 수밖에 없다는 것이다. 우리 인간은 비록 신체의 범위와 사고능력이 유한한데도 무한을 떠올릴 수 있는 능력을 지닌 놀라운 존재이다. 우리는 무한을 상상하고 계산할 수 있으며, 심지어 시각적으로 표현할 수도 있다. 가령 이탈리아 르네상스 시기의 천재 필리포 브루넬레스키는 사영기하학을 이용한 자신의 투시도법을 통해서 무한을 2차원 캔버스 평면에 옮기는 데 성공했다. 인간이 놀라운 존재이긴 하지만, 솔직하게 산답시고 무한이 **실제로 존재하는 것**이라는 어리석은 주장을 해서는 안 된다. 무한이 존재할지는 모르나(가령 우주 공간의 범위는 무한할지 모른다) 무한이 개념이 아닌 실재일지는 알 수가 없다. 우리는 공간이 무한한지 여부를 결코 확신할 수 없다. 어떠한 측정도 무한의 여부를 의심할 바 없이 증명할 수 없다. 무한을 믿을 수야 있겠지만, 결코 명확하게 파악할 수는 없다.

벌린 또한 어떠한 종류의 절대적이거나 총체적인 지식이 불가능함을 거듭 주장했는데, 그런 지식을 가리켜서 '이오니아의 오류Ionian Fallacy'라고 불렀다.[21] 벌린은 이렇게 말했다. "'모든 것은 무엇무엇으로 구성된다'라거나 '모든 것은 무엇무엇이다' 또는 '아무것도 무엇무엇이 아니다'와 같은 형태의 문장은 실증적이 아니라면 아무 의미도 없다. 실질적으로 반박하거나 의심할 수 없는 명제는 우리에게 아무런 정보도 줄 수 없기 때문이다." 토론토대학교에서 명예박사학위를 받으면서 했던 마지막 연설들 중 하나에서 벌린은 자신의 견해를 사회·정치적 영역으로까지 확장시켰다.

모든 진실한 질문에 오직 하나의 정답만이 존재할 수 있다는 생각은 매우 오래된 철학적 개념이다. 위대한 아테네 철학자들, 유대인들 및 기독교인들, 르네상스와 루이 14세 치하 파리의 사상가들, 18세기 프랑스의 급진개혁가들, 19세기의 혁명가들(비록 답이 무엇인지 또는 어떻게 답을 발견할지는 다들 제각각이긴 했지만) 전부 그들이 답을 안다고, 그리고 오직 인간의 악덕과 어리석음이 그런 답의 등장을 가로막을 뿐이라고 확신했다.

이는 내가 이미 언급했던, 그리고 여러분에게 틀렸다고 알려주고 싶은 생각이다. 이는 사회적 사상의 상이

---

21. 여기서 이오니아는 튀르키예 서부 해안에 있는 이오니아라는 지역에서 활동한 고대 그리스 철학자 집단인 이오니아 학파를 가리킨다. 일찍이 기원전 650년에 이오니아 학파는 물질계를 통합적으로 설명할 방법을 찾으면서, 존재하는 모든 것은 단일한 종류의 물질로 이루어져 있다고 믿었다. 이 학파의 시조인 탈레스는 모든 것의 근원이 물이라고 믿었다.

한 학파들이 내놓은 해법들은 제각각인 데다 어느 것도 합리적 방법으로 증명할 수 없기 때문만이 아니다. 그보다 훨씬 더 심오한 이유가 있다. 오랜 세월 동안 많은 지역에서 대다수 사람들이 따랐던 중심적 가치들은, 전적으로 보편적이라고 말할 수는 없지만, 언제나 서로 일치하지는 않는다.[22]

여러분의 가치가 다른 이의 가치보다 우월하다고 믿는 순간, 여러분은 억압적인 이데올로기로 쉽게 변질될 수 있는 차별을 조장하게 된다. 벌린이 일깨워주었듯 이는 역사에서 거듭되면서 비극을 낳았다. 이런 일은 비록 더 교묘한 방식이긴 하지만 과학에서도 일어났다.

두말할 것도 없이 과학은 단순성, 그리고 최대한 널리 적용될 수 있는 이론을 추구한다. 물리학자의 눈에 '아름다운' 이론은 최소한의 개념들로 최대한 많이 설명할 수 있는 이론이다. 이를 확장해 보면, 가장 아름다운 이론은 모든 것을 설명하는 이론일 테다. 여기서 "모든"이란 가장 다양하게 발현되는 물질의 행동을 의미한다(앞서 보았듯이 물리학의 통합 이론들은 복잡한 인간의 선택이라든가 2주 앞선 일기예보라든가 복권 당첨 여부를 예측하도록 고안되지 않았다). 이런 관점에서 볼 때 통합의 개념은 자연의 질문에 대한 유일한 '정답'을

---

22. "A Message to the 21st Century," *New York Review of Books*, 2014년 10월 23일.

찾자는 시도다. 본질적으로 자연은 단순해야만 하며, 모든 힘은 한 가지 힘의 상이한 발현 형태일 뿐이라고 여기면서 말이다.[23]

왜 그런 이론이 매혹적인지는 수긍이 간다. 나도 내 경력의 상당 부분을 동료들과 함께 그런 이론을 추구하는 데 바쳤다. 하지만 지식의 불완전성에 관해 우리가 앞서 논의했던 내용으로 볼 때, 그런 시도는 타당한 과학적 목표라기보다는 일종의 신념 체계(과학을 가장한 유일신교)라고 치부하고 내다버려야 한다. 실재를 제한적으로 이해할 수밖에 없기에 우리는 모든 물질적 상호작용에 관한 완전한 지식을 달성했는지 여부를 결코 확신할 수 없다는 점을 인정해야 한다. 가령 자연의 어떤 새로운 힘이 앞으로 백 년 후에 발견될지 모른다. 물질의 기본 입자들이 상호작용하는 모든 방식을 지금 우리가 알고 있는지 증명해 줄 계산법은 없다. 오히려 매우 작은 것들의 세계에서 어떤 일이 벌어지는지에 관한 우리의 현재 지식은 열린 질문과 불확실성으로 가득 차 있다. 할 수 있는 최선은 **현재** 지식에 관한 통합된 한 이론일 뿐이며, 더군다나 그것이 미래에 수정될 가능성이 매우 높음을 인정해야 한다.

---

23. 노벨상을 수상한 물리학자 프랭크 윌첵은 최근 저서 『뷰티풀 퀘스천』에서, 어떻게 아름다움이 통합 이론을 포함하여 자연의 가장 심오한 비밀들을 드러내는 지침 원리의 역할을 하는지에 관해 감동적이고 영감 어린 '명상'을 펼치고 있다. 비록 자연에서 아름다움이 통합 이론으로 이어진다는 윌첵의 견해에 동의하진 않지만, 분명 대칭성은 물리학의 지침 원리가 되어왔으며 여전히 그렇다.

이런 견해는 종종 패배주의로 여겨진다. "만약 우리가 탐구의 끝에 이를 수 없다면 도대체 그런 탐구가 무슨 소용이 있는가?"라면서. 내가 보기에 이런 식의 최종목적론적 finalism 태도는 대단히 그릇됐다. 물고기를 잡을지 확신할 수 없기 때문에 낚시하러 가지 않겠다는 사람의 태도와 다름없다. 낚시가 흥미진진한 까닭은 바로 불확실성, 즉 물고기를 잡을지 여부를 모르기 때문이다. 매번의 입질이 경이로움이며, 낚싯대의 물리적 흔들림을 통해 전해지는 뜻밖의 인사이다. 우리 모두는 물고기를 잡고 싶어 하지만 아주 잘 해낼 수 있을지는 누구도 모른다. 실패를 맛본 자만이 성공의 감미로움을 느낄 수 있다.

세계에 관한 우리의 지식이 불완전하다는 사실은 지적인 약점이나 사고력의 결함이 아니다. 대신에 일종의 해방이라고 보아야 한다. 지식의 불완전성 덕분에 우리는 궁극의 진리를 찾아야 한다는 부담 없이 자유롭게 미지의 바다를 탐험할 수 있다. 의미 있는 모든 발견은 뭐든지 새로운 질문을 내놓기 마련이다. 우리가 궁극적 진리를 파악할 수 있다는 기대는 지식에 대한 과학적 추구를 종교적 추구로 변질시킨다. 오직 종교에서만이 궁극이라는 개념을 인정할 수 있으니 말이다. 실재의 절대적 본질이라는 것(생각해볼 수는 있지만 도달할 수는 없는 무한의 실재를 반영하는 개념)이 설령 존재하더라도, 우리는 과학을 통해서든 통하지 않고서든 그 본질을 총체적으로 품어 안을 수 없다. 과학은 끊임없이 만들어가는 과정이며, 자연계를 이해하기 위해 우리가 고안해 내는 설명 기법이다. '궁극적 진리 밝히기'를 과학의 고상한 목적으로 삼으면 과학 탐구의 흥미진진함이 사라지고, 과학은 종교의 길을 걷듯이 부담스러워진다. 자연이라는 광대한 황무지는 마치 하나의 고정된 목적지로 떠나는 순례처럼 단 하나의 산꼭대기를 오르는 일로 제한되어서는 안 된다.

말이 나온 김에, 우리가 그런 목적을 달성할 수 있고 실제로 언젠가 도달했다고 쳐보자. 그다음엔 어떻게 될까? 과학이 종착지에 이른다? 우리가 자연에 관한 질문을 더 이상 던지지 않게 된다? 내가 보기에 이런 상황은, 언제나 새롭게 배워야 할 지식이 있고 우리가 미지의 것을 향해 계속 질문하는 한 탐구가 끝나지 않는(게다가 가설을 검증하기 위한 도구를 제작하기 위해 꼭 필요한 자금을 지원받기까지 해야 하는) 지금의 상황보다 훨씬 슬프고 참담하다.

바로 그런 이유에서 나는, 코파카바나에서 그날 벌어진 일을 이해할 수 없어도 그만이다. 어떤 일이 벌어졌다. 크리스털 유리잔과 멀찍이 떨어진 두 가구가 거의 동시에 부서졌다. 그걸 두 눈으로 목격했는데도 나는 완전히 말짱했다. 그 직전에 나는 어떤 종류의 신체적 불편, 즉 앞서 말했던 한기를 느꼈으며 다이닝룸에 가고 싶은 이상한 충동이 들었다. 왜 그랬을까? 나도 모른다. 보통 나는 한기를 느끼지도 집안을 돌아다니고 싶은 갑작스러운 마음도 들지 않는다. 요 노 크레오 엔 라스 브루하스 페로 케 라스 하이, 라스 하이……. 그게 무엇이든, 미지의 바다의 어떤 버려진 영역으로부터 건너와 나의 현실이 되었다. 망각 속에 머무르다 정체를 드러낸 이 침입자의 본질은 무려 약 40년이 지난 지금까지도 여전히 불가사의로 남아 있다.

자신의 세계관에 맞지 않는 것이면 뭐든 가짜라거나 시시한 것으로 치부하는 편협하고 삐뚤어진 이성주의자만이 그런 신비한 사건을 기이한 우연으로 치부할 것이다. 내 생각에 이런 식의 노골적인 배척은, 확신보다는 두려움의 한 증상으로 비친다. 자기 바로 앞에 있는 것을 대면하기보다는 머리를 땅속에 파묻는다고 알려진 타조처럼 말이다(고백하자면 현실의 타조는 두려움을 느낀다고 자기 머리를 모래 속에 파묻지 **않는다**!). 대안은 두렵게 느껴지는 듯하다. 불가사의를 받아들이고 이성이 파악할 수 없는 것, 즉 설명이 불가능한 것이 존재함을 인정하기는 두렵다. 그런데 과학자가 그럴 수 있을까? 우리가 불가사의를 받아들이면서도 계속 자연계에 대한 이성적 설명을 추구할 수 있을까? 물론 그럴 수 있다. 그리고 이 두 가지를 한데 엮어서, 불가사의를 통해 영감을 얻고 이성을 통해 우리의 길을 밝혀나간다면 우리 삶은 얼마나 더 경이로워질까?

불가사의의 매력

사실 나는 십 대 때부터 불가사의한 것에 깊은 경외감을 느꼈다. 지금도 경외감을 느낀다. 하지만 어릴 적의 신비주의가 지금은 자연과의 심오하고 영적인 연결 상태로 성장했다. 이런 점에서 내겐 좋은 동료가 많다. 아인슈타인의 말을 인용해 보겠다. "우리가 경험할 수 있는 가장 위대한 감정은 신비감이다. 그것은 모든 참된 예술과 과학의 요람에 놓인 근본적인 감정이다. 그걸 모르고 더 이상 경이로움의 감정을 느끼지 못하는 사람은 마치 불 꺼진 양초처럼 죽어 있는 셈이다." 그리고 다시 이렇게 역설했다. "나는 자연에 목적이나 목표 또는 인위적인 것으로 여겨질 수 있는 무언가를 관련시킨 적이 없다. 내가 자연에서 보는 것은 우리가 아주 불완전하게만 이해할 수 있는 굉장한 구조인데, 생각이 있는 사람이라면 이 구조 앞에서 한껏 겸손해진다. 이것은 신비주의와는 무관한, 진정으로 종교적인 감정이다." 내가 코파카바나의 마법을 겪었던 일은 합리적인 과학 탐구를 전혀 부추기지 않았다. 당시 나의 주요 학문적 관심사가 이미 물리학이었는데도 말이다. 신참내기 과학자에게 그 사건은 계시의 힘을 발휘했다. 이성을 믿긴 믿되 이성만을 믿지는 말라. 우주는 합리적이지만 우리는 결코 우주를 총체적으로 파악할 수는 없다. 다만 "굉장한 구조를 우리는 아주 불완전하게만 이해할 수 있을 뿐이다." 미지의 것은 존재하며, 알아낼 수 없는 것도 존재한다. 나는 무척 혼란스러웠다. 어쩌면 나는 미지에 끌리는 내 마음을 설명해 줄 타당한 근거를 찾으려고 물리학을 선택했는지도 모른다. 초자연과 연루될 하나의 방법으로서 물리학을 통해 초자연이 실제로 존재하며 실재의 표면 아래 깊숙이 숨어 있음을 증명하고 싶었을지 모른다. 얼핏 들으면 미친 소리 같지만, 꼭 그렇지만은 않다. 많은 저명한 과학자들은 과학을 이용하여 현실 너머의 불가사의를 해독해 내려 했다. 대표적인 사람들이 빅토리아 시대의 몇몇 위대한 물리학자들로, 하늘의 색깔을 설명했던 레일리 경, 전자를 발견한 J. J. 톰슨 그리고 윌리엄 램지, 올리버 로지 경 및 윌리엄 크룩스 등이 있다. 텔레파시, 염력(영화 〈스타워즈〉에 나오는 '힘'처럼, 마음의 힘으로 물체를 움직이기), 유령 및 죽은 자와의 대화 등, 이 모두가 당시의 정상적인 탐구 주제였다. 19세기 후반에는 심령술의 거센 물결이 대영제국은 물론 미국까지 휩쓸었다. 교령회는 인기 있는 야간 행사였다. 사랑하는 이들을 잃은 사람들이 한 가닥 희망을 가슴에 품은 채 양초가 켜진 어둑한 실내로 들어갔다. 그들은 저 너머에서 건너온 신호나 메시지를 얻게 될지도 몰랐다. 이 행성에서 우리의 짧은 삶이 무한한 존재의 한 작은 조각이라면 경이롭지 않을까? 만약 죽은 자가 진짜로 죽은 것이 아니라 이 세계를 떠나 다른 세계로 간 것이라면? 어떻게 그런 가능성이 우리를 유혹하지 않을 수 있을까? 만약 보이지 않는 전자기 진동이 공간을 채우고 있다면, 우리의 감각을 벗어난 다른 무언가가 그런 공간 속에 숨어 있을 수 있지 않을까? 비록 오늘날 이런 말들은 대체로 엉터리 같지만 미지의 세계에 대한 우리의 믿음은 그 어느 때보다 견고하다. 양자 치료, 크리스털의 힘, 기氣, 환생 등에 열광했던 뉴에이지 문화를 생각해 보라. 과학은 믿을 만한 출처라고 여겨지기에 지금도 이따금 맥락에서 완전히 벗어나 몇몇 매우 비논리적 개념들을 지지하는 데 쓰이고 있다. 흥분하기 쉬운 열일곱의 내 마음에 불가사의가 손짓했고, 이때 과학은 미지의 것으로 향하는 가장 안전한 출구였다.

코파카바나의 마법 때문에 마음이 너무 어수선해졌기에, 나는 조난자가 구조뗏목을 붙들듯 악착같이 과학적으로 확고한 개념을 붙들었다. 만약 우리가 유령이 출몰하는 세계에 산다면, 우리를 이성의 교회 안에 가두도록 하자. 그렇긴 해도 작은 창 하나는 꼭 열어두어야 한다. 내가 선택한 창은 과학이었는데, 오로지 과학만이 초자연적인 것을 자연적인 것으로 되돌릴 수 있는 유일한 방법처럼 보였다. 적어도 어느 정도는 그랬다.

이 불가사의한 사건 이후 여러 해 동안 나는 무신론과 불가지론 사이를 오갔다. 이제 나는 확실한 불가지론자이다. 무신론은 (비록 핵심 가설이 옳아 보이더라도) 신을 절대적으로 거부하므로 너무 독단적이다. 무신론의 토대는 믿지 않음에 대한 믿음으로서, 그건 나로선 모순이다. 사실 나는 한 술 더 떠서 무신론은 과학적 방법과 모순된다고 주장한다. 분명 이런 주장은 무신론을 곧이곧대로 받아들이는 이들에겐 충격일 테다. 신의 비존재는 실증적으로 해결될 수 있는 질문이 아니다. 이는 최근에 프랑스 철학자 앙드레 콩트-스퐁빌이 『무신론의 정신』에서 역설한 내용이다. 칼 세이건이 외계인의 존재에 관해 논하며 했던 말, "증거의 부재가 부재의 증거는 아니다"는 유명하다. 그 말은 엄격한 무신론자들이 종종 간과하는 핵심 내용이다. 그들은 증거의 부재를 믿음 없음에 대한 자신들의 믿음과 뒤섞어서 부재의 **증거**라고 역설하기 때문이다. 이 지점에서 아마도 격분하는 무신론자는 부디 심호흡을 한 번 하고 나서 계속 읽어주길 바란다.

과학을 전문적으로 배운 데다 (지금까지의) 모든 인생 경험을 통해 나는 딱히 다른 선택을 할 수는 없었다. 신이라든가 영혼의 존재를 믿을 이유는 알지 못하지만, 그렇다고 **절대적으로** 배제하지는 않는다. 신앙을 가진 친구들 중 일부는 나를 바보라고 놀리기도 한다. "초자연적인 사건을 목격하고 나서조차 이성에 집착하다니, 가련하기도 해라!" 또한 무신론자 친구들 중 일부는 내가 훨씬 더 심한 바보라고 말할 것이다. "도대체 어떤 이성적 존재가 지난 수천 년 동안 문명을 망가뜨린 그런 요정 이야기를 믿는다는 거야?"

내 입장을 분명히 밝히겠다. 불가지론자란 초자연적인 신을 믿지 않지만 그렇다고 딱히 부정하지도 않는 사람이다. 이는 **강한 불가지론**보다 부드러운 입장인데, 강한 불가지론에서는 신의 존재 내지 물질적 현상 너머의 것은 뭐든지 알 수 없다고 본다. 어느 주제에 관해 아무것도 알 수 없다는 주장은 매우 위험한 입장이다. 과학의 역사 자체가 산증인이지 않은가. 현재 '물질적 현상 너머의' 것으로 보이는 것이 미래에는 완전히 물질적으로 설명되는 현상이 될지도 모른다. 이른바 '물질적'이라는 개념의 경계는 항상 확장되어 왔다. 요즘 우리는, 필립 풀먼의 명명법을 따르자면 '암흑 재료dark material'에 둘러싸여 있다. 이것은 미지의 성분으로서 우주를 구성하고 있다는 암흑물질과 암흑에너지를 가리킨다. 우주의 역학을 지배하는 이것들은 도대체 무엇일까? 우리는 모른다. 하지만 몇 십 년 전만 해도 그런 것들이 존재하는지조차 아무도 몰랐다.[24]

또 다른 예로 '양자 얽힘quantum entanglement'을 들어보자. 양자계에서 나타나는 이 현상을 두고서 아인슈타인은 "으스스한 원거리 작용"이라고 부르곤 했다. 자연세계에서 제일 빠른 건 빛이라는 개념에 어긋나는 현상 같았기 때문이다. 한 쌍의 양자(전자, 광자 등)가 있다고 해보자. 그런데 두 양자가 아주 멀리 떨어져 있는데도 마치 둘이 하나의 실체인 것처럼 다른 양자의 행동에 반응한다. 쉽게 말해 쌍둥이 형제가 있고, 이들에게 녹색 셔츠와 빨간색 셔츠만 있다고 상상해 보자. 한 명은 미국에 살고 다른 한 명은 브라질에 산다. 둘은 매일 동시에 옷을 입고 출근한다. 특이하게도 둘은 **언제나** 셔츠 색깔이 서로 다르다. 즉, 한 명이 빨간색을 입으면 다른 한 명은 녹색을 입고, 한 명이 녹색을 입으면 다른 한 명은 빨간색을 입는다. 즉시, 게다가 서로 의사소통을 하지 않는데도 말이다. 이것이 바로 얽힌 입자들이 공간과 시간을 가로질러 벌이는 짓이다. 어떤 의미에서 보자면 양자

---

24. 암흑물질이 존재한다는 최초의 추론은 주로 미국에서 활동한 스위스 태생 천문학자 프리츠 츠비키의 1930년대 관측에서 나왔다. 츠비키는 은하단 속 은하들의 운동을 살피던 중에, 은하들의 속도가 만약 그 은하들을 움직이게 하는 요인이 단지 눈에 보이는 물질이라면 예상되는 속도보다 훨씬 더 빠르다는 사실을 알아냈다.

얽힘은 공간과 시간의 존재를 부정한다. 1미터 거리에서나 1킬로미터 거리에서나 즉시 똑같은 결과가 벌어지니 말이다(적어도 측정 정밀도 내에서는 그렇다). 이를 가리켜 '비국소적 상호작용'이라고 하는데, 어떤 국소적인 원인 없이도 발생하기 때문이다. 공을 발로 차서 날아가게 만들듯이, 사건이 발생하려면 어떤 원인이나 힘이 필요하다는 통상적인 설명을 부정하는 현상이다. 비록 물리학자들은 점점 더 자주 실제 응용 사례들(은행 간 안전한 이체에서부터 양자컴퓨터의 최초 구현에 이르기까지)에서 양자 얽힘을 이용하고는 있지만, 아인슈타인이 으스스한 현상이라고 말한 이후 그 오랜 세월 동안 도대체 어떻게 이런 현상이 발생하는지 우리는 지금껏 아무것도 모른다.

'불가지론agnosticism'이라는 단어를 만들어낸 토머스 헉슬리는 1860년에 이렇게 썼다. "나는 인간의 불멸성을 긍정하지도 부정하지도 않는다. 그걸 믿을 이유를 모르겠지만, 그렇다고 해서 반박할 도리도 없다. … 약간의 증거를 준다면, 나는 [인간의 불멸성을] 지지하는 입장으로 풀쩍 건너갈 준비가 되어 있다." 철학자 버트런드 러셀도 이런 생각을 공유했다. 내가 보기에 이 온건한 형태의 불가지론이야말로 과학적 방법과 딱 들어맞는다. 엄밀하게 말해서, 우리는 측정하고 관찰할 수 있는 것만 안다. 나머지는 증명되지 않은 추측이다. 그리고 물리적 실재에 관한 측정과 관찰은 어김없이 한계가 있기 마련이기에, 이 세계에 무엇이 있는지에 관한 우리의 지식에도 한계가 있을 수밖에 없다. 우리는 원자와 전자를 보지 못하며, 탐지기에서 보이는 충돌 흔적을 통해 그 존재를 추론할 뿐이다. 그러한 입자들이 존재하는 세계와 우리의 세계 사이에는 엄청나게 큰 간극이 있다.

게다가 최상의 측정값이라 해도 통계적 해석을 거치는데, 이때 매우 신중하게 분석되어야만 올바른 결과가 나올 수 있다. 구체적인 예로서 현대의 입자물리학자들이 어느 입자가 '존재'하는지 여부를 결정하는 방식을 살펴보자. 양성자나 뮤온muon 또는 힉스 보손은 우리 눈에 보이지 않는다. 그 입자들의 존재 여부는 수집된 데이터를 통해 추론된다. 2012년 7월 4일, CERN이 발표한 힉스 보손 발견을 예로 들자. 엄청난 고성능 현미경이라고 할 수 있는 거대한 입자 검출기 두 대에서 신호가 잡혔다. 신호란 특정한 에너지 수준을 나타낸 충돌 흔적 데이터를 말한다. 이 흔적을 실제 입자와 연관 지으려면 다른 상황, 즉 평범한 사건 때문일 확률이 대략 350만 분의 1 미만이어야 한다. 이것을 가리켜 통계학에서는 5시그마 결과라고 한다.[25] 힉스 보손이 존재한다고 알리기 위해 과학자들은 탐지기 하드웨어에 생길 수 있는 오류 등을 포함하여 수집 데이터의 통계적 가변성을 매우 진지하게 살펴야 했다. 면밀한 분석 후에 다수의 과학

25.   '시그마'는 표준편차를 나타내는 그리스 문자다. 표준편차는 데이터 표본에서 평균에서 벗어난 정도를 의미한다. 수집된 데이터가 완벽한 종형 곡선을 띤다고 할 때, 데이터의 68퍼센트는 평균으로부터 1시그마 이내에 들어 있고, 95퍼센트는 2시그마 이내에 들어 있는 식이다. 따라서 평균에서 더 큰 시그마만큼 떨어져 있을수록 그 사건은 드물다.

자들(힉스 보손의 경우, 수천 명)이 함께 모여서 통계적 증거가 새로운 실체의 발견을 알릴 수 있을 만큼 충분한지를 집단적으로 결정했다. 그런 결정을 내릴 때에는 당연하게도 종종 의견이 엇갈린다. 만장일치는 드물다. 그렇다고 우리가 과학자들을 믿지 말아야 할까? 결코 그렇진 않다. 어쨌든 낚시꾼보다는 분명 더 믿을 만하다.

과학적 결정의 독특한 점은 결코 최종적이지 않다는 것이다. 과학에는 '사안 종결'이 없다. 과학은 지식을 찾는 꾸준한 활동인지라, 추가 실험과 데이터 분석을 포함한 증거의 연속적인 축적이야말로 과학이 제 역할을 하는 데 절대적으로 필수다. 장기적으로 보자면 도중에 문제가 생기더라도 결국에는 잘 되어 나간다. 문제 발생과 수정은 새로운 지식이 형성되는 과정의 하나다. 과학적 발견은 충분한 시간이 경과한 후 내려지는 집단적 동의에 바탕을 둔 결정이다. 적절한 예를 들어보자. 내가 이 문장을 쓰고 있는 바로 오늘(2014년 11월 10일), 전문 학술지 『피지컬 리뷰 D』(나의 과학 논문 대다수가 발표된 매체)에 소개된 한 논문에 관한 뉴스가 나왔다. 뉴스에 따르면 CERN의 데이터가 꼭 1960년대에 처음 제시된 힉스 보손을 가리키진 않는다고 한다. 논문 저자들에 의하면, 오히려 그 데이터는 힉스 보손과 관련된 어떤 다른 입자와 일치한다. 그 입자는 일종의 합성 힉스로서 테크니-쿼크Techni-Quark라는 더 작은 구성 입자들로 이루어져 있다. 물리학자 마스 토우달 프란센이 한 언론을 통해 이렇게 밝혔다. "현재의 데이터는 그 입자가 정확히 무엇인지 알아낼 수 있을 만큼 정밀하지 않습니다. 알려진 다른 입자들이 많이 모인 것일 수도 있죠." 그러니까 무언가가 있기는 있지만, 그게 무언지 아직 확신할 수는 없다. 더군다나 지금은 힉스 보손이 존재한다고 발표된 후 2년이 지난 시점인데 말이다. 추가적인 연구와 더 많은 데이터가 있어야지만 이 사안은 명확해질 수 있다.

만약 지식이 빛이라면, 이 빛은 영원한 어둠에 둘러싸여 있는 빛이다. 또 어쩌면 프랑스 철학자 베르나르 퐁트넬이 17세기 후반에 적었듯이 "우리의 철학['과학'으로 읽기 바란다]은 단 두 가지, 즉 호기심과 근시안의 결과다." 우리는 볼 수 있는 것보다 많이 보길 원한다. 인간의 많은 지식은 원하는 것과 할 수 없는 것 사이의 창조적인 긴장에서 생겨난다. 미래에 관해 모든 내용을 예측할 수 없기에 우리는 일어날 수 있는 모든 일을 확실히 알 수는 없다. 미지의 바다 속으로 몇 발짝만 더 들어가도 우리는 길을 잃고 만다. 무신론과 불가지론으로 다시 돌아가자. 만약 어느 날 내가 초자연적 원인이나 세상 속의 유령 같은 존재 또는 영혼의 불멸성에 관한 확실한 증거hard evidence를 목격한다면, 기꺼이 토머스 헉슬리와 같은 편이 되어 내 마음을 바꿀 테다(대다수의 명석한 무신론자들도 그러리라).

하지만 앞서 잠시 언급했듯이, 초자연적인 '목격'에는 꼭 유의해야 할 점이 있다. 무엇이든 간에 초자연 현상은 현실에서 벌어지는 순간 이 세상 일이 된다. 즉 우리의 물질적 현실의 일부가 되고 만다. 우리가 무언가를 듣거나 보거나 냄새 맡으면, 그 무언가는 우리의 감각기관과 직접적인 물리적 교환을 한다. 구체적으로 말해서, 빛이든 소리든 진동이든 어떤 형태의 정보를 내놓고 그 정보를 우리의 뇌나 장치가 포착한다. 우리 눈에 보이는 유령은 관찰 가능한 현실에 성큼 들어와 있다. 그럴 경우 과학적 추론을 통해 그것의 속성을 설명할 수 있게 된다. 달리 말해서, 보이는 유령은 유령이 아니다. 적어도 어떤 비물질적 세계의 일부로 정의되는 유령은 아니다. 여기서 근본적으로 중요한 결론, 즉 현실 너머의 초자연적인 세계와의 접촉은 불가능하다는 결론이 나온다. 왜냐하면 우리가 접촉할 수 있다면 그 초자연적 세계는 완전히 자연적 세계일 것이기에, 우리 현실의 일부로 깊숙이 들어와 버리기 때문이다. 그러므로 초자연 현상이 현실 세계 너머의 세계에 속하고 우리 세계에서 접근이 불가능하다는 개념을 버리지 않는 한, 우리는 **결코** 초자연 현상의 증거를 가질 수 없다. 하지만 우리가 그 개념을 버리면, 초자연은 비록 미지의 상태로 숨어 있더라도 결국에는 자연의 일부가 되고 만다.

믿는 자들은 위에서 내가 '확실한 증거'라고 표현한 것에 의문을 품을 테다. 뭐가 '확실한 증거'란 말인가? 내가 정의하기로는 주관적 경험, 전해 들은 말 또는 종교의식 도중의 황홀경이나 깊은 고립에 의해 유도된 의심스러운 환상에 바탕을 두지 않은 증거다. 다른 사람들이 검증할 수 있고 적어도 이론상으로는 재현 가능한 증거 말이다. 이런 관점에서 보자면, 마리아 아주머니의 저주를 목격한 사건은 고립된 사건인지라 확실한 증거에 해당하지 않는다. 만약 그녀가 그걸 다시 행할 수 있고 내가 다시 볼 수 있다면, 분명 나는 불가사의가 작동하고 있다고 인정할 것이다(그리고 당장 그걸 연구하러 달려갈 것이다).

안타깝게도 이런 기이한 현상들은 결코 다시 벌어지지 않는 듯하다. 유령이 출몰하는 집에 과학적 도구를 가져가면 유령은 왜 사라져버릴까? 천사와 악마는 왜 은밀한 곳에서만 보일까? 왜 죽은 사람은 다시 살아나서 내세에 관해 신빙성 있게 말해주지 않을까? 오랜 세월 동안 나는 간절히 믿고 싶었다. 낚시하는 소년이었던 유년 시절, 나는 숱한 밤을 뜬 눈으로 지새우며 죽은 어머니를 다시 만나길 간절히 바랐다. 아무리 작은 것이라도 어떤 신호를 기다렸다. 어머니가 여전히 나를 알아보고 여전히 어떤 식으로든 나를 돌봐준다는 신호를. 여섯 살 때 어머니가 돌아가시자 내 마음엔 결코 다시 메울 수 없는 구멍이 뚫리고 말았다. 지금 내게는 아이가 다섯 명인데, 이 아이들은 어머니에 대한 애착이 대단하다. 어떻게 내가 어머니를 잃은 슬픔을 이겨낼 수 있었는지 스스로도 의아하다. 친구들이 보기엔 나는 '엄마 없는 불쌍한 녀석'이었다. 평생 비참하게 살 수밖에 없는 아이로 낙인찍힌 셈이었다. 가끔씩 절망이 너무 컸던지라 나는 스스로 어머니를 '보게' 만들었다. 어머니가 있었다. 창백하고 초췌한 모습으로 집 안의 긴 복도 끝을 어슬렁거리고 있었다. 흘러내리는 듯한 흰색 가운을 입고서 내게 다가오라는 손짓을 했다. 하지만 내가 두려움과 그리움이 뒤엉킨 참담한 심정으로 다가가면, 어머니는 희망으로 만들어진 무지개처럼 허공 속으로 사자졌다.

이 세계에는 사기가 판친다. 많은 사기꾼이 사람들의 믿고 싶은 마음을 이용해 먹는다. 우리가 영원히 사는지, 즉 현재의 삶이 영원한 삶의 한 순간일 뿐인지 알고 싶지 않는 사람이 누가 있겠는가? 천국과 지옥이 그럴듯하게 꾸민 이야기가 아니라 실제로 존재하는지 여부를 알고 싶지 않은 사람이 누가 있겠는가? 나는 꼭 알고 싶다! 하지만 증거가 든든하길 바라지, 유치하거나 괴상망측하길 원하지 않는다. 위대한 물리학자 리처드 파인만은 이렇게 말했다. "나는 의심과 불확실성과 무지와 함께 살 수 있다. 나로선 틀릴지 모르는 답을 얻기보다는 모르는 편이 훨씬 더 흥미롭다." 중대한 문제인지라 나로선 결코 속아 넘어갈 수 없다.

어쩌면 나는 영원히 믿음을 가질 수 없겠지만, 많은 사람들이 믿음에 의존하는 이유를 이해할 수는 있다. 미지의 것에 맞닥뜨렸을 때 사람들은 보통 두 가지 중 하나를 선택한다. 초자연이 존재한다고 믿기, 아니면 증명에 기대기. 나는 둘 다 시도해 보았고 결국 후자를 선택했다. 대다수는 믿는 쪽을 선택한다. 미국의 경우 믿는 자들이 인구의 약 3분의 2를 차지한다. 그들에게 증명은 불필요한 것 이상인데, 한마디로 희망을 파괴하는 짓이다. 흔히 하는 말 중에 이런 것들이 있다. "사랑은 측정할 순 없지만, 분명 존재한다." 또는 "하나님을 느끼도록 마음을 열기만 한다면 하나님이 여러분 안에 있음을 알게 될 것이다." 만약 우리가 하나님을 사랑이라고 부른다면, 분명 나는 항상 하나님의 존재를 느낀다. 강에 나가 있을 때, 물이 내 허리까지 차 있을 때, 손으로 낚싯대를 던질 때 그분을 느낀다. 아이들을 볼 때도(특히 아이들이 자고 있을 때) 그분을 느낀다. 하지만 왜 우리가 사랑을 하나님이라고 불러야 하는지는 잘 모르겠다. 나로선 사랑을 사랑이라고 부르면 그만이다. 사랑을 느끼는 일은 실제 현상이지, 어떤 초자연적인 게 아니다. 사실, 굳이 다른 세계를 끌어들일 필요가 없다.

그래서 나는 세 번째 가능성이 있음을 알아차렸다. 바로 미지의 것을 인정하는 태도다. 즉 미지의 것을 과학의 방법으로 이해하려고 해도 답이 없으면 그 상태로 지내도 괜찮다. 포기해야 한다는 뜻은 아니다. 이것은 패배가 아니다. 어쨌거나 계속 시도한다면 우리는 알게 될 것이다. 어떤 미지의 것이 미래에 해결되더라도 다른 미지의 것은 분명 그렇지 않을 테며 새로운 미지의 것이 등장하기 마련이다. 그런 답들이 지식의 섬에 조금의 보탬이 되겠지만, 가열찬 시도와 꾸준한 노력을 기울여도 끝내 미지의 상태로 남는 그 것들로 우리는 무엇을 해야 할까? 내가 보기에 답은 명확하다. 아인슈타인과 파인만처럼 불가사의를 끌어안아야 한다. 무지를 끌어안아야 한다. 세계에 관한 우리의 지식이 대단하고 꾸준히 커지고 있긴 하지만, 언제나 불완전함을 인정해야 한다. 하지만 그러기가 쉽지는 않다. 심지어 아인슈타인조차도 지적인 수준에서는 지식의 불완전성을 확실히 인정했으면서도, 양자 불확실성이 답을 얻을 수 없는 미지의 것임을(그것이 실재의 알 수 없는 한 측면임을) 심정적으로 인정할 수 없었다.

우리는 빛을, 그것도 언제나 더 많은 빛을 추구한다. 하지만 언제나 그림자가 존재함을 이해해야 한다. 이 선택, 즉 앎과 무지 사이의 역동적인 상보성을 인정하는 것은 나에게 평온을 가져다주었고, 의미를 보다 깊이 추구하게 만들었다.

두 세계 사이의 경계선

더럼과 낚시로 돌아가자. 제러미 씨와 나는 노스페나인에서 꽤 멀리 올라갔다. 도로는 좁아졌고, 들판이 더 높고 황량해졌으며, 거칠고 무성한 풀밭으로 덮여 있었다. 거기에도 양떼는 있었는데, 돌담이 쳐진 구역에서 평화롭게 풀을 뜯고 있었다. 마치 네덜란드의 화가 에스허르의 그림 속에 나오는 체스판의 기물들이 양털을 덮어쓴 것 같았다.

"저기요! 우리 앞에 있는 저 언덕 너머에 그게 있어요. 카우그린 저수지요."

지구가 아닌 꼭 다른 곳의 풍경인 듯했다. 폭이 3킬로미터가 넘는 매우 큰 저수지의 검은 물속에 괴물 이치가 숨어 있을 것만 같았다. 이치는 검은 늪지대의 생명체Creature from the Black Lagoon. 20세기 중반에 나온 미국 영화의 제목이기도 하다나 그 엇비슷한 끈적거리는 친구들의 사촌격으로서 그 지역 전설에 나오는 유명한 괴물이다. 나무는 한 그루도 보이지 않았다. 주변 언덕들은 빠르게 움직이는 회색 하늘을 받치고서 잠들어 있는 거인들의 구부러진 등 같아 보였다. 돌들이 떼를 이룬 물가는 우리의 세계와 송어의 세계(보이지 않고 춥고 낯선 세계) 사이에서 경계를 이루고 있었다.

"'카우그린'이라니, 이름이 웃겨요. 소도 없고 초록이라곤 전혀 없는데 말이죠."

"그렇네요." 조금 당황해하며 나도 맞장구를 쳤다. 바람이 거세게 불고 있었다. 플라이낚시꾼에겐 폭우 다음으로 골칫거리였다.

"이 바람 때문에 조금 더 힘들어질 겁니다." 제러미 씨가 말을 이었다. "하지만 걱정 붙들어 매세요. 바람을 맞으면서도 캐스팅하는 법을 알려드릴 테니까요."

대단하다고 생각했다. 가이드를 동반한 나의 첫 플라이낚시 여행에서 도전 과제를 받은 셈이었다. 마음을 다잡았다. 도전을 받아들여라. 그래야 뭔가를 배우는 법.

제러미 씨가 낚시용 긴 장화와 2.7미터짜리 5웨이트 낚싯대를 건네주었다. 놀라운 손놀림으로 낚싯대 리더에 플라이 두 개를 부착했는데, 그중 작은 플라이는 드로퍼[26]였다.

"드로퍼가 꽤 쓸모 있죠. 물고기가 좋아하는 플라이를 물 가능성이 두 배로 올라가요. 우리는 이 검은 머리의 요정

---

26.   dropper. 한 플라이에 부착하는 또 하나의 플라이로서 대체로 낚싯바늘의 굽은 부위에 단다.

을 사용할 겁니다. 그게 여기서는 어김없이 통하거든요." 송어가 저수지의 어두운 물 아래에서 그 작고 검은 물체를 실제로 볼 수 있다는 사실에 감탄했다. 나도 어두운 방에서 모기를 볼 수 있다면 좋으련만.

나는 물가를 벗어나 살짝 겁을 먹은 채로 저수지의 물속으로 걸어 들어갔다. 거기엔 오로지 나뿐이었다. 어두운 물결 마루들이 수면 위를 교차했다. 시시각각 바람이 거세지고 날씨가 차가워지고 있었다. 하늘이 우리 위로 쏟아져 내리기 전까지 거인들이 얼마나 오래 버틸 수 있을지 걱정이 되었다.

"너무 깊이 들어가진 마세요. 물고기들은 전부 가장자리 근처에 있으니까."

나는 첫 캐스팅을 했다. 망했다. 다시 던졌다. 또 망했다. 낚싯대가 너무 가볍게 느껴졌고 바람이 플라이를 옆으로 제쳐버렸는데, 드로퍼 때문에 만사가 더 꼬여버렸다. 낚싯바늘들이 자기들끼리는 물론이고 리더와도 얽혀버렸으니 말이다.

"낚싯대를 바람에 맞서 던지세요. 그리고 낚싯대를 쥘 때 검지가 아니라 엄지를 낚싯대 위에 올려요. 다운 캐스트down cast일 때 낚싯대에 가속을 주시고." 엄지를 위에 올린다. 그럼 그렇지! 왜 그걸 이제껏 아무도 알려주지 않았을까?

캐스팅 실력이 차츰 나아지고 있다. 여러 번을 던졌지만 아직 물고기는 낚지 못하고 있다. "송어가 바글거린다더니?" 나는 혼자 중얼거린다.

"자 그럼, 이제 왼쪽에 있는 바위 근처로 자릴 옮깁시다."

우리는 바위 쪽으로 갔다. 여전히 캐스팅이 버겁지만 그럭저럭 해낸다. 차츰 자연스러운 느낌이 들기 시작한다. 바람이든 날씨든 모조리.

갑자기 입질이 느껴진다. 낚싯대를 따라 전기가 찌릿 흐르는 느낌이다. 송어가 걸렸다. 나는 어쩔 줄 모른다. 플라이 라인의 상태가 엉망이다. 낚싯줄을 회수하려는 찰나 송어가 달아나버린다.

제러미 씨가 멀리서 사정을 다 알겠다는 듯 웃는다. "줄을 다룰 줄 알아야 해요. 캐스팅하고 나서 언제나 재빨리 회수해야 합니다. 항상 팽팽하게 유지해야 하고요. 조금이라도 늘어지면 송어는 몸을 흔들어서 낚싯바늘을 빠져 나가고 말죠."

나는 검지의 안내를 받아 낚싯줄을 회수하는 법을 연습한다. 조금은 통한다. 적어도 지금 나는 물고기가 이 어두운 물속에 숨어 있다는 걸 안다. 심장이 고동친다. 지금 나는 은총의 상태, 즉 물에서 도달하기 어려운 물아일체의 순간과는 한참 멀다. 그렇기는 해도 처음으로 그런 상태가 존재함을, 그리고 도달할 수 있는 상태임을 어렴풋이 깨달을 수 있었다. 언젠가는 나도.

플라이낚시하는 법을 배우는 것만큼 인생에서 겸손을 가르쳐주는 경험은 별로 없다. 앞에서도 했던 말인데, 하지만 다시 언급할 가치가 충분하다. 모든 것을 올바르게 유지하기란 거의 불가능하다. 플라이 선택하기, 캐스팅하기, 낚싯대 위치 잡기, 낚싯줄의 팽팽한 정도를 조절하기 등, 많은 것을 신경 써야 한다. 다른 변수도 많다. 바람 방향과 세기, 물의 흐름과 깊이, 돌이나 나무와 같은 장애물 등등. 실제로는 가지 않으면서 외계 속으로 들어가려고 시도하는 셈이다. 여러분이 가진 것은 두 세계를 잇는 줄 하나뿐이다. 이 줄은 산소가 포화된 세계와 아래쪽의 수중 세계를 잇는 다리다. 여러분은 물고기의 움직임을 완전히 간파하고서 물고기가 어떻게 행동할지 내다보아야 한다. 가령 어디에 숨을지, 무엇을 즐겨 먹는지 짐작해야 한다. 두 세계에 동시에 존재하는 생명체로 변해야 하는 셈인데, 쉬운 일이 아니다. 하지만 분명 짜릿한 일이다.

나는 주위를 둘러본다. 그곳의 황량한 아름다움이 두려움을 불러일으킨다. 이보다 더 특이한 장소는 찾지 못할 테다. 낚시 도중에는 금물인 명상에 한동안 빠져 있는 와중에, 내 다리 아래로 무언가가 흘러내리는 느낌이 든다. 결코 내가 흥분한 나머지 바지에 오줌을 지린 건 아니다. 찢어졌다. 장화가 살짝 찢어져 있다. 제기랄! 금세 내 발은 완전히 젖는다. 몸이 떨리기 시작한다.

"바람에 맞서 캐스팅하지 마세요. 대각선으로 캐스팅하세요." 제러미 씨가 알려주었다.

나는 그렇게 했다. 금세 또 한 번 입질이 왔다. 하지만 이번엔 낚싯줄이 내 손가락들 사이에서 팽팽했다. 천천히 낚싯줄을 당기자 깜찍한 브라운송어가 공중으로 60센티미터쯤 튀어 올랐다. 야호! 레이크디스트릭트에서 첫 송어를 잡았다. 너무 크진 않고, 22센티미터쯤 되었다. 하지만 미끈하고 황금빛이 도는 갈색이었고, 날씬한 몸매를 따라 검붉은 반점이 나 있었으며 튼튼하고 건강해 보였다. 소년이 잘했다는 듯 미소를 보냈다. 나는 서둘러 낚싯바늘을 빼내고 송어를 풀어주었다.

"잠깐만요!" 제러미 씨가 외쳤다. "사진요. 기록으로 꼭 남겨야 했는데! 처음 잡은 브라운송어잖아요!" 사부는 손에 카메라를 잡은 채로 어쩔 수 없다는 듯 웃었다. "그건 됐고요. 계속 좋은 자릴 찾아보자고요. 똑같은 곳에 캐스팅하면 안 됩니다. 브라운송어는 두 번째 기회를 주지 않거든요."

그날 나는 두 마리를 잡았고 네 마리를 놓쳤다. 행복했고 추웠고 푹 젖었다. 정말 많은 걸 배웠다. 플라이낚시하는 법, 참는 법 그리고 내가 배울 게 얼마나 많은지도. 그리고 정확히 나한테 무엇이 필요한지도 배웠다.

열정을 품은 길

나는 도전받는 걸 즐긴다. 지연된 대만족, 세상에 그만큼 좋은 건 없다. 낚시꾼이라면 누구나 안다. 운동선수라면 누구나 안다. 과학자라면 누구나 안다. 그것은 여러분이 하는 모든 일을 화사하게 만들어주는, 충만한 마음 상태다. 열두 살 때 나는 리우데자네이루에서 배구를 시작했다. 좋은 배구선

수가 되는 것, 시의 주니어 챔피언십에 참가할 팀의 멤버가 되는 것보다 더 간절히 원한 일은 없었다. 공을 특히 잘 다루는 편이 아니어서 애를 먹었다. 다른 선수들은 괜히 나를 놀렸다. 여러 번 놀림을 당했으며, 심지어 "거미-오리"라는 별명까지 얻었다. 스파이크할 때 손을 내리치는 동작이 어설펐고(그래서 "오리") 결국 여러 번 그물에 뒤엉키고 말았기 때문이다(그래서 "거미"). 다행히 나한테는 형이 두 명 있었기에, 말로 하는 학대가 낯설지 않았다. 한 주에 엿새에 걸쳐 연습을 빡세게 했다. 그중 화요일과 목요일은 여자 친구들과 함께했는데, 이 일정은 여러모로 유익했다.

약 2년이 걸렸고 굴욕적인 사건도 많았지만 나는 배움을 얻었다. 팀의 최상급은 결코 될 수 없었지만 그건 괜찮다. 나는 팀에 속해 있었고, 경기하고, 이기고, 지고, 코치한테 고함소리를 들었다. 그는 엄격한 퇴역 육군소령이었는데, 지금 와서 보면 코치 덕분에 나는 최종 목적을 위해 꾸준히 집중하는 법을 배웠다. 챔피언십 경기 준비를 위해 코치는 우리한테 나이 많은 팀과 1년 내내 경기를 시켰다. 우리보다 훨씬 더 크고 강한 사내들과 대결을 시키기 위해서였다. 우리는 거의 모든 경기에서 졌는데, 때로는 굴욕적인 점수 차이로 지기도 했다. 처절하게 짓밟혔다. 하지만 우리 나이의 팀과 경기를 할 때가 되자 우리는 조직력이 탄탄하고 승리에 굶주린 팀이 되어 있었다. 그래서 2년 연속으로 모든 경기에서 이겼다. 심지어 나는 브라질 전국 챔피언십 대회에 리우데자네이루 대표로 출전하기까지 했다. 우리 팀의 세터는 다름 아닌 베르나르두 헤젠지였다. '베르나르디누'라는 별명으로도 유명한 그는 나중에 배구 분야에서 역사상 가장 위대한 코치가 되었다. 우리는 전국대회에서 우승했다. 상파울루 대표팀을 만나 처음 두 세트를 내준 후에 연이어 세 세트를 따내서 3:2로 이겼다. 거미-오리가 브라질의 주니어 챔피언이 된 것이다.

나로선 결코 잊지 못할 교훈이었다.

똑같은 일이 물리학을 공부하자고 결심할 때 벌어졌다. 물리학자가 되려는 결심은 어떻게 시작되는 걸까? **나는 왜 물리학자가 되었을까?** 물리학자가 **된다는** 건 무슨 의미일까? 의사나 변호사, 엔지니어 또는 주식중개인이 되는 게 뭔지는 누구나 안다. 심지어 화학자나 생물학자도 마찬가지다. 왜냐하면 그들은 제약업계 등 다양한 직종에서 실용적인 일을 할 수 있으니까. 그렇다면 물리학자는 실제로 무엇을 할까?

물리학자의 핵심 업무는 자연의 근본적 법칙을 밝혀내는 일이다. 이를 위해 우리는 모든 물리계의 행동과 속성을 조사한다. 아원자 입자와 다양한 재료에서부터 유체, 별 그리고 우주 전체에 이르기까지 두루 살핀다. 우리들 대다수는 강사나 대학원생 멘토링 등 가르치는 일도 한다. 작업 대부분은 응용 연구에서 이루어진다. 컴퓨터와 항공 산업에서 신기술과 신재료를 개발한다든가, 컨설팅과 금융 분야에서 리스크 관리와 헤지펀드를 위한 수학적 모형을 개발한다든가(내가 지도한 박사학위 학생들 중 여럿은 그쪽 길로 갔다. 이

학생들이 백만장자가 된 덕분에 나는 내 연구팀에 자금 지원을 받고 있다). 국가 연구소에서 폭탄 만드는 일도 있고, 다른 여러 분야의 방위산업 일도 있다. 물리학자한테 맞는 응용 분야의 일거리가 많은지라 물리학과 공학의 경계가 조금 흐릿해 보이기도 한다. 하지만 십 대 시절 내 생각엔 그런 일은 물리학의 일이 **아니었다**. 나는 아인슈타인, 보어, 뉴턴을 생각하고 있었다. 우리의 세계관을 규정했으며 아울러 자신들의 기본적인 연구 결과를 통해서 우리가 어떻게 살아야 하는지를 보여준 선구자이자 선견지명 넘치는 천재들을 말이다. 내게는 바로 그런 종류의 일이 물리학의 일이었다. 이론, 근본적인 질문들, 존재의 수수께끼와 관련된 자연의 숨은 비밀을 밝혀내는 학문.

아버지가 재빨리 내 거품을 꺼트렸다.

"미쳤니? 진짜 물리학자가 뭔지 알기나 하니?" 열일곱 살인 내가 진지하게 물리학 학위를 얻고 싶다고 밝혔을 때 아버지는 이렇게 고함쳤다. "별을 세는 일에 도대체 누가 돈을 대준다는 거냐?"

"하지만 아빠, 물리학자가 실제로 별을 세지는 않······."

"우린 브라질에 살아, 영국이나 미국이 아니라! 브라질은 엔지니어가 필요해! 진짜 직업을 얻으라고! 공대에 가."

시키는 대로 했다. 정확히는 리우데자네이루연방대학교 화학공학과에 입학했다. 하지만 오래지 않아 나는 상황이 제대로 풀리지 않으리란 걸 알아차렸다. 화학 실험 성적이 바닥이었다. 만약 이론 점수 비율이 전체 점수의 절반을 차지하지 못했다면 그 과목에서 낙제했을 것이다. 한편 미적분학과 물리학 성적은 좋았다. 그리고 재미있었다. 아버지가 승낙하든 말든 무언가를 해야 했다. 2학년 초에 나는 브라질 정부로부터 소정의 지원금을 얻어서 물리학 교수와 함께 상대성이론을 배우게 되었다.[27] 2주 만에 나는 이전의 상태로 되돌아갈 수 없게 되었다. 공학 2학년 과정을 마친 다음에 그 학과를 그만두었다. 대신에 브라질 내에서 당시 최상위 물리학과가 있던 리우데자네이루 교황가톨릭대학교의 물리학과로 옮겨갔다. 내 인생에서 가장 두려운(그리고 최상의) 선택이었다. 나는 다시 바닷가에서 홀로 미지의 바다를 마주했다. 이리 오라고 손짓하는 바다를.

나는 '앞길이 창창한' 상태였을까? 목표는 무엇이었을까? 아버지의 말이 계속 머릿속에서 울렸다. 아버지 말이 옳다면 어쩌지? **누가** 별을 세는 나에게 돈을 대줄 것인가? 당시 브라질에서 물리학자가 된다는 것은 미국이나 유럽에서 물리학자가 된다는 것과는 전혀 딴판이었다. 얼마 없는 대학 교수직을 얻거나 실업자가 된다는 뜻이었다. 경쟁이 치열했다.

상황이 그렇다 보니 달리 선택의 여지가 없었다. 물론

27. 이 놀라운 연방 프로그램은 지금도 진행 중이며 "과학적 비법 전수"를 위해 소정의 지원금을 제공한다. 학생은 지도교수를 찾아서 함께 1년 동안 어떤 프로젝트를 진행할지 결정한다. 일대일의 이 도제식 과정 덕분에 젊은 학생은 배움과 멘토링을 직접 받을 수 있다. 이게 내 인생을 바꾸었는데, 분명 수천 명의 다른 젊은 브라질 학생들의 삶도 마찬가지였을 테다.

적어도 원칙적으로는 스스로 선택한 게 맞지만. 어쨌거나 그게 내 길임을 알았다. 앞으로 어떻게 될지, 얼마나 험난할지는 중요하지 않았다. 내가 아인슈타인이나 보어가 아닌 것도 중요하지 않았다. 중요한 것은 내 마음을 따르고 있다는 사실이었다. 결심을 내리고 난 후에야 나는 다시 온전해졌다. 만약 인생의 선택이 얼마나 쉬운지 그리고 얼마나 안전한지로 결정된다면, 인생은 쉽고 안전할 것이다. 물론 지루하고 반쯤 죽은 인생이겠지만. 아버지와 친구들이 직업에 얼마나 불만족했는지, 그리고 부모와 환경이 예정해 놓은 인생에 끼워 맞추느라 얼마나 불행했는지 나는 잘 안다. 성장이 고작 그런 것이었나? 나는 열정, 모험 그리고 불확실성을 원했다. 잡을지 모르는 채로 큰 물고기를 찾아 나선 셈이다. 매번 캐스팅할 때마다 새로운 희망이 생긴다. 사실 우리는 대체로 한 마리도 잡지 못한다. 실수를 하는 바람에 물고기가 달아난다. 하지만 계속 하다 보면, 뱃속에 계속 열정의 불을 땐다면, 조만간 보상이 뒤따를 것이다. 꼭 큰 물고기를 잡진 못하더라도 낚시 자체에서 보상을 받는다. 우리는 행동함으로써 성장한다. 행동함으로써 살아간다. 매번 캐스팅을 할 때마다 낚싯줄은 더 멀리 날아가고 우리는 자기 자신과 더 가까워진다. 나로선 삶을 의미 있게 만들어주는 핵심적인 발견이었다.

2

브라질,
히우그란지두술주,
상조제두스아우젠테스

열대의 송어

브라질이 고국인지라 그곳에 자주 간다. 연구 과학자로서 가기보다는 가끔씩 대학과 학술회의에서 전문적인 강연을 하러 간다. 대체로 일반 대중에게 과학을 주제로 강연을 한다. 9년째 신문 주말 칼럼을 맡아왔고, 3천만 명 이상의 시청자들을 위해 TV 시리즈 두 편을 내놓았다. 나는 전국을 다니며 빅뱅과 블랙홀 그리고 힉스 입자에 대해 강의한다. 과학과 문화의 관계, 과학과 종교의 관계도 다룬다. 미국을 비롯해 여러 나라에서 이런 활동을 하는데, 브라질에서는 대중의 과학 이해를 돕기 위해 열심히 활동하는 과학자들이 몇 안 된다. 브라질에 우리 같은 과학자가 많아지면 좋겠다. 내가 이 활동을 하는 이유는 많지만 가장 중요한 이유는 확고한 신념 때문이다. 즉 과학은 사회에 속하고 과학자는 문화를 생산하며 이 문화는 공유되고 모든 이와 공개적으로 논의되어야 한다는 믿음 때문이다. 그렇게 믿는 까닭은 과학이야말로 우리가 사는 방식을 본질적으로 규정하며 우리의 미래와 긴밀하게 얽혀 있기 때문이다. 만약 오늘날의 주요한 과학 관련 사안들(에너지 자원, 지구온난화, 물 공급, 유전공학이 해도 될 일과 해서는 안 될 일)에 눈을 감는다면 나중에 매우 큰 대가를 치를 것이다. 더군다나 우리 아이들이 우리의 나쁜 결정에 대한 값을 대신 치를 것이다.

브라질에서의 과학 교육, 그리고 그보다는 덜하지만 (그래도 아주 문제가 많은) 미국에서의 과학 교육은 사정이 나쁘다.[28] 브라질 공립학교의 물리 교사 열 명 중 일곱은 물리학자도 아니고 물리학 학위도 없다. 대다수는 생물학자, 지리학자 또는 언어 교사다. 이 교사들 다수는 심지어 물리학을 좋아하지도 않는다. 전문 교육을 받지도 않았고 자기 과목을 싫어하는 교사가 어떻게 어린 학생들의 마음에 배움의 열정을 불러일으킬 수 있을까? 참담한 현실이 아닐 수 없다. 잘 교육받은 과학자와 엔지니어가 없는 나라는 기술적으로 종속되며, 요즘 같은 매우 경쟁적인 디지털 시대에 뒤처지고 만다. 개인 차원에서 보아도, 자연에 대한 과학적 개념을 모른다는 건 인류가 성취한 업적 가운데서 가장 굉장한 것을 놓치는 셈이다. 그 하나가 바로 예술, 문학 및 음악만큼

---

28. 미국국립과학재단의 최근 조사에 의하면, 미국인들 중 약 4분의 1이 지구가 태양 주위를 도는지 그 반대인지 모른다. 그리고 3분의 1은 진화론을 부인한다.

이나 열정적이며 인생을 뒤바꾸는 힘을 지닌 과학이다. 셰익스피어, 인상주의 그리고 아인슈타인이 모든 학교 교과의 일부가 되어야 한다.

이렇듯 과학이 주목받지 못하는 안타까운 상황이지만, 아이들은 과학을 좋아한다. 아이들은 타고난 과학자다. 늘 물건들을 뒤섞고 던지고 실험을 하는 통에 돌보는 이들을 종종 깜짝 놀라게 만든다. 세상을 알려고 하는 이 경향은 열두어 살쯤까지 지속되다가, 그 무렵에 호르몬의 맹공습으로 인해 "왜"라는 질문이 사라지고 만다. 대신 온통 섹스에 관심을 쏟는다. 페로몬은 교육자에겐 상대하기 어려운 적수인 셈이다.

여기서 필요한 것은 접근법의 변화다. 과학은 자연을 대상으로 삼는다. 자연이 어떻게 문제를 해결하는지 그리고 어떻게 작동하는지를 배워서 현실의 문제를 해결하자는 활동이다. 그렇기에 과학은 교실에서만, 칠판을 통해서만, 또는 컴퓨터 기반의 가상 실험으로만 배워서는 안 된다. 아이들이 자연과 사랑에 빠지고 이해하고 싶어지려면, 살아 움직이는 자연을 **보아야만** 한다. 밖으로 나가서 미시적인 크기에서부터 우주적인 크기까지 온갖 규모에서 벌어지는 아찔할 정도로 다양한 움직임, 형태 및 변화를 관찰해야 한다. 생명의 놀라운 창조성도 경험해야 하는데, 에너지가 태양으로부터 나와 대기와 대양을 거쳐 식물과 우리 인간에게까지 이어지는 에너지 흐름을 관찰해야 한다. 생물계와 화학계 및 물리계의 상호의존성, 그런 학문들이 어떻게 협력하는지

2

브라질, 히우그란지두술주, 상조제두스이우젠테스

를 목격해야 한다. 지식을 인위적으로 구분해 놓은 교육방식에서는 그런 것들이 전혀 보이지 않는다. 교실 내에서 과학을 배우기 전에 학생들은 먼저 바로 가까이서 자연을 경험해야 한다. 관찰하고 경험한 다음에 개념을 배워야 한다.

몇 년 전에 나는 아주 특별한 일로 브라질을 찾았다. 표면적으로는 여러 도시에 걸쳐 진행하는 전형적인 대중강연 행사였다. 하지만 이번엔 뭔가 다른 시도를 했다. 이 주간의 고되지만 보람찬 강연 일정이 거의 끝에 다다랐을 때였다. 마지막 강연 장소는 브라질의 가장 서쪽 주인 히우그란지두술의 주도 포르투알레그리였다. 훌륭한 슈하스코(churrasco. 브라질 스타일의 바비큐)와 시마항(chimarrão. 차가운 초원의 겨울밤, 남미의 카우보이라고 할 수 있는 가우초들의 몸을 데워주는 쓴 맛의 차)의 본고장이다.

나를 포르투알레그리까지 데려갈 심산으로 강연 주최자들 중 한 명이 거기서 송어 낚시를 하면 어떻겠냐는 말을 꺼냈다(내가 낚시를 좋아한다는 사실이 브라질에서 비밀이 아니었나 보다). 송어 낚시라고? 브라질 같은 열대지역에서? 나는 긴가민가했지만 주최자는 확실히 가능하다고 알려주었다. 더구나 그냥 송어 낚시가 아니라 플라이낚시 전용 냇가에서 하는 낚시라고! 브라질에서 플라이낚시를 한다는 말은 들어본 적이 없었다. 플라이낚시가 뭔지 아는 아주 소수의 브라질 사람들도 그걸 〈흐르는 강물처럼〉 같은 영화에서 보았을 뿐이다(좀 찔리는데, 왜냐하면 바로 그 영화 때문에 나도 플라이낚시를 처음 알았기 때문이다. 극 중 브래드 피트가 흐르는 물, 자

연 그리고 잡은 물고기를 대하는 태도에는 풋풋한 서정미가 깃들어 있었다).[29]

계속 미심쩍어서 나는 '브라질에서 플라이낚시하기'에 관해 신탁을 받아보았다(그러니까, 구글에 검색했다). 기쁘고 놀랍게도 주최자의 말이 옳았다. 그 주의 북부에 있는 잘 알려지지 않은 산맥 한 가운데에 무지개송어가 득실거리는 강들이 있었는데, 그중 일부는 정말로 잡았다 풀어주는 플라이낚시 전용이었다. 세상에나! 여러 번의 전화 통화와 이메일 끝에 모든 일정이 잡혔다. 가이드인 알렉산드레 씨가 강연 직후 밤 열 시에 나를 픽업할 터였다. 우리는 그 지역 숙소 포사다 포트레이리뉴스로 곧장 차를 몰 예정이었다. 새벽 세 시까지 도착해서 잠깐 눈을 붙였다가 아침 일찍 강으로 떠날 것이었다. 적어도 계획은 그랬다. 모든 건 더럽고 고약한 도로 사정에 달려 있었는데, 그 시즌에는 종종 도로가 홍수에 잠기곤 했다. 숙소에 제때 도착한다고 가정할 때, 강에 일곱 시에 도착하려면 여섯 시에는 일어나서 집에서 만든 가벼운 아침을 먹어야 했다. 강연을 하면서 그렇게나 자주 손목시계를 쳐다본 적은 일찍이 없었다.

---

29. 지금은 아마존강 유역으로 떠나는 플라이낚시 여행 프로그램이 아주 많다. 특히 멋진 피콕배스peacock bass를 잡으러 가는 프로그램이 인기인데, 송어 낚시와는 매우 다른 경험이다.

세계관을 바꾸는 건 어렵다

강연 주제는 나의 첫(지금까지는 유일한) 소설인 『세계의 조화』였다. 그즈음 포르투갈어로 출간되어 놀랍게도 베스트셀러가 되었다. 늘 나의 영웅이었던 17세기의 위대한 독일 천문학자 요하네스 케플러의 삶과 업적에 허구를 가미한 소설이다. (만약 여러분이 누군가에 관한 글을 쓰느라 3년의 시간을 바칠 예정이라면, 소설로 만들어 전할 가치가 있는 사람인 편이 낫다.)

각계각층에서 온 청중은 2백 명쯤이었다. 내 강연은 포르투알레그리의 인기 있는 연례 도서전의 일부였다. 공개 독서 행사, 매일 열리는 수십 건의 강연과 도서 계약 등이 이루어졌다. 주제가 내 소설 자체는 아니었고, 대신에 과학 이전 시기의 문화에서부터 현시대에 이르기까지 우주에 관한 우리의 **관점의 변화**를 살펴보는 것이었다. 오늘날 우리가 사는 우주는 15~16세기의 우주와는 매우 다르다. 물론 우주 자체가 아니라 우리가 우주에 대해 생각하는 방식이 매우 다르다. 1500년경 유럽의 모든 사람과 마찬가지로 콜럼버스에게도 창조 세계의 중심은 움직이지 않는 지구였다. 크리스털로 만들어진 동심구들이 양파 껍질처럼 지구를 둘러쌌고, 여기에 달, 태양 그리고 천체 궤도가 알려진 다섯 행성(수성, 금성, 화성, 목성, 토성)들이 돌고 있었다. 가장 바깥층엔 고정된 별들이 위치하여 유한한 우주를 뒤덮고 있었다. 그 바깥에 하나님이 자리 잡았다. 하나님은 이 모든 운동을 일으키는 고정된 동력원이었다. 깊은 지하에 있어서 우리와 훨씬 가까운 곳에 있는 악마가 죄인들과 타락한 영혼들을 고문했다. 콜럼버스와 동시대인들이 보기에 지옥이야말로 우주의 진정한 중심이었던 셈이다.

대체로 이런 우주 구조가 사람들이 살아가는 방식을 결정했다. 천체의 배열 상태는 중세 기독교 신학의 수직적 위계질서와 딱 들어맞았다. 우주의 구조는 인간 영혼의 순례를 반영했고, 천국은 인간 영혼이 내세에서 하나님과 더불어 다른 선택받은 영혼들을 만나는 장소였다. 높이 솟아 있는 중세의 대성당이 당시의 그런 믿음을 아름답게 보여준다. 대성당 앞에서 신심 깊은 이들은 두려움에 젖은 채로 천상에서의 구원을 바라며 하늘을 우러를 수밖에 없었다.

모든 것이 타당했다. 우주의 중심에 있으며 네 가지 지상의 원소들(물, 흙, 공기, 불)로 이루어진 이 세계는 천상에 있는 모든 다른 세계들과 달랐다. 천상의 세계들은 영원하고 불변하는 원소인 '제5원소'로 이루어져 있다고 여겼다. 이 수직적 질서의 우주에서 도덕과 지리가 결합됨으로써 모두가 이해하고 두려워한 삶의 지침이 만들어졌다.

이런 관점은 1543년부터 허물어지기 시작했다. 바로 그해에 수줍은 성격의 폴란드인 신부 니콜라우스 코페르니쿠스가 태양이 세상의 중심이라는 대안적 관점을 내놓았기 때문이다. 지구는 중심에서 밀려났고 단지 또 하나의 떠도는 천체, 즉 그다지 중요치 않은 행성으로 전락했다. 이런 재배열이 2천 년 동안 이어진 지구 중심의 우주를 무너뜨렸으며,

한편으론 답보다 질문을 더 많이 낳았다. 만약 지구가 창조 세계의 중심이 아니라면, 우리 인간도 그런가? 어떤 규칙이 사물의 질서를 규정했는가? 왜 지구는 태양에서 세 번째 행성이 되었는가? 이제 지옥은 태양 속에 있는가? 태양 주위를 도는 단지 한 행성 위에 사는데도 우리가 여전히 하나님의 특별한 피조물인가? 강연에서 나는 우주관의 변화가 어떻게 삶을 변혁시키는 극적인 경험이 되었고, 믿음을 재구성하게 만들었고, 삼라만상 속에서 우리 인간의 위치를 다시 생각하게 만들었으며, 인생에서 우리의 역할과 사명을 다시 생각하게 만들었는지 논의했다.

코페르니쿠스의 우주는 또한 더 현실적인 질문도 던졌다. 만약 지구가 하루에 한 번씩 자전한다면, 우리는 시속 약 1천 6백 킬로미터 넘는 속력으로 회전하는 셈이다. 그런데 왜 회전을 느끼지 못하는가? 왜 우리는 엄청나게 빠른 회전목마를 타고 있는데도 우주공간 속으로 던져지지 않는가? 구름과 새는 뒤로 밀려나지 않는가? 코페르니쿠스는 이런 질문에 확실한 답을 갖고 있지 않았다. 그가 쓴 기념비적인 책에는 물리학 내용이 별로 없었다. 행성들은 태양 주위를 한 번 공전하는 데 걸리는 시간에 따라 순서가 정해졌다. 수성(3개월), 금성(8개월), 지구(1년), 화성(2년), 목성(12년), 토성(29년). 논리적으로 타당했고 질서와 대칭, 비율이 아름다움과 동일시되던 르네상스 시대의 미학적 기준에도 들어맞았다. 코페르니쿠스는 새로운 우주 배열에 신학적 의미를 덧붙이고자 했다. 아름다움이 우주의 청사진에 찍혀 있는 창조주의 필연적인 창조 행위라고 여긴 것이다. 우주의 아름다움이 창조주의 완전한 마음을 고스란히 드러낸다고 그는 보았다.

하지만 긴 시간이 흐르고 나자 새로운 세계관이 자리 잡았다. 겪어본 사람이라면 누구나 알듯이, 이혼은 하룻밤에 일어나지 않는다. 크나큰 고통과 불안을 오래 겪을 수밖에 없다. 여러분이 과거와 결별하려는 뜻을 알릴 때 여러분의 마음을 지지해 줄 사람은 별로 없다. 여러분은 사무치는 외로움을 느낀다. 천문학 역사가 오언 킹그리치가 『아무도 읽지 않는 책』에서 짚었듯이, 코페르니쿠스의 책이 발간되고 50년이 지났는데도 고작 약 열 명만이 태양 중심 우주를 긍정적으로 받아들였다. 그중 대표적인 사람이 케플러와 갈릴레오 갈릴레이였는데, 둘 다 17세기의 초반 몇 십 년 동안 과학을 연구했다. 새로운 세계관은 겨우 1686년이 되어서야 뉴턴의 『프린키피아』의 발간과 함께 돌이킬 수 없는 사실로 인정되었다. 그 책에서 뉴턴은 지구를 포함한 천체들의 운동을 기술하는 법칙을 명확한 수학적 언어로 자세히 설명했다. 한 술 더 떠서 어떻게 중력이 우주의 역학과 지상 물체들의 낙하를 동시에 지배하는지 기술해 냈다. 한마디로 하나의 물리학이 지상과 천상을 통합시켰다.[30]

뉴턴 물리학은 일상의 물리학으로서, 우리한테 익숙한 운동들을 대단히 정확하게 기술한다. 존 스콧 러셀이 스코틀랜드 해협에서 보았던 솔리톤과 같은 더 복잡한 현상들은 보다 정교하게 취급해야 하지만, 그런 현상들도 전부 뉴턴

역학으로 설명된다. 가령 뉴턴 역학은 물리학적 원리들을 적절히 쓰면 어떻게 플라이낚시에서 캐스팅 능력을 크게 향상시킬 수 있는지를 설명해 준다. 캐스팅 강사가 '낚싯대 장전하기'라고 부르는 기술은 단지 낚싯대를 최대한 뒤로 휘게 하여 플라이 라인이 앞쪽으로 효율적으로 날아갈 수 있게 만드는 행위일 뿐이다. 이 움직임은 휘어진 낚싯대에 저장된 탄성에너지를 플라이 라인의 운동에너지로 변환시킨다. 감겨 있던 스프링이 풀리는 경우와 마찬가지다. 에너지변환이 더 효율적일수록 캐스팅이 더 세지고 따라서 낚싯줄이 더 멀리 날아간다. 헤라클레이토스가 2천 4백 년쯤 전에 말했듯이 "화살을 앞으로 날리려면 활을 뒤로 휘게 해야 한다."

아이작 뉴턴이 자연의 작동 방식을 기술하는 물리법칙을 궁리했던 반면에 또 한 명의 아이작, 월튼이라는 성을 가진 이는 영국의 강가를 따라 낚시하는 법을 완성시켜 가고 있었다. 존 던을 비롯해 다른 영국인 명사들의 전기작가인 월튼은 인생 후반에 시골로 내려가서 낚시와 글씨기를 하며 지냈다. 현명한 나의 가이드 제러미 씨라면 그런 결정의 지혜로움에 분명 맞장구를 쳤을 것이다. 월튼의 유명한 낚

---

30. 여기서 짚어보아야 할 점으로, 지상과 천상은 근대 과학보다 먼저 나왔던 두 분야에서도 통합되었다. 바로 점성술과 연금술이다. 점성술에서는 우주의 영향력이 개인 수준에서 지상의 문제를 결정했다. 그리고 연금술의 모토는 "아래에 있는 것은 위에 있는 것과 같다"였다. 뉴턴은 그 두 분야에 낯설지 않았으며, 사실은 열렬한 연금술사였다. 그는 만유인력의 발견 및 이 발견 덕분에 지상과 천상의 물리학이 통합된 것을 분명 기뻐했을 테다.

시 매뉴얼인 『조어대전』은 1653년에 처음 나왔고 지금도 판매되고 있다. 두 위대한 '아이작', 즉 자연철학자와 낚시꾼이 생전에 서로 만난 적이 있는지 나는 궁금하다. 짐작건대 월튼은 분명 캠강river Cam. 케임브리지를 관통하는 강. 뉴턴은 케임브리지대학에서 공부했고 이후 거기서 교수를 지냈다에서 송어를 꽤 많이 잡았을 것이다.

과학의 시대에 사랑의 의미

우주에 관한 우리의 인식은 시간이 흐르면서 변해왔다. 하지만 대다수 사람들의 생각은 그렇지 않았다. 자연철학자들이 새로운 세계관을 내놓아도 사람들은 저항했다. 새로운 우주적 질서는 창조 세계의 광대함에 분명 경외감을 불러일으켰다. 하지만 또한 두려움도 일으켰다. 바로 신 없는 우주에 홀로 있다는 두려움이었다. 이 감정을 17세기의 프랑스 철학자 겸 수학자인 블레즈 파스칼처럼 아름답게 표현한 사람은 드물다. 파스칼은 뉴턴보다 수십 년 앞서 이렇게 말했다. "내가 차지하는 작은 공간의 앞뒤로 영원에게 삼켜지며 짧게 지속되는 내 삶을 생각할 때, 그리고 심지어 내가 모르며 나를 모르는 무한히 광대한 공간에 삼켜지는 과정을 볼 때, 나는 저기가 아니라 여기에 존재하며 그리고 왜 이전이 아니라 지금 존재하는지 두렵고도 놀랍다. 누구의 명령과 지시로 이 공간과 시간이 내게 주어졌단 말인가?" 과학이 발전할수록 전능한 하나님은 덜 필요해졌다. "나로선 이 가설이 필요 없습니다"라고 천문학자 겸 수학자인 시몽 드 라플라스가 나폴레옹에게 말했다. 1799년에서 1825년 사이에 다섯 권 분량으로 발간된 라플라스의 책 『천체역학』에 창조주가 언급되어 있지 않다고 나폴레옹이 놀라자 라플라스가 했던 대답이다. 우주는 정밀한 기계, 즉 엄격한 수학 법칙에 따라 풀려나가는 시계 장치가 되고 말았다. 신의 역할은 시계 제작자, 즉 법칙 제작자의 역할로 전락했다. 일단 신이 세계를 창조한 후로 세계는 더 이상 신적인 개입 없이 자신의 결정된 경로를 따르게 된다. 두말할 것도 없이, 믿는 이들은 이를 간과하지 않았다. 과학이 단 하나의 불가사의, 즉 창조의 불가사의만 남기고서 이렇게나 철저하게 세계를 설명할 수 있단 말인가? 세계를 창조하는 것만이 유일한 일거리인 신은 멀리 있는 신, 즉 인간과 무관하고 인간을 보살피지 않는 신이었다. 그렇다면 자유의지는 어떻게 되는가? 만약 자연의 법칙들이 모든 사건의 진행을 미리 결정했다면, 어떤 행동이나 선택도 진정으로 자유로울 수 없다. 여러분이 태어나는 시간, 여러분이 결혼할 사람, 여러분의 직업, 여러분의 시도와 고난…… 모든 것이 시간의 책에 이미 쓰여 있을 것이다. 우리는 자동 장치일 뿐이다. 개인으로서 자신의 자율성을 맹목적으로 믿지만 사실 우리의 자유는 한낱 환상일 뿐이다. 시계 장치 우주에서 우리는 우주라는 무대에서 펼쳐지는, 감독이 누군지도 모르는 한 드라마 속의 꼭두각시에 지나지 않을 테다.

설상가상으로 때를 기다렸다는 듯이 다윈의 결정타가 나왔다. 증거를 통해 다윈이 결론내리기로 우리는 꼬리가 줄어든 원숭이로부터 진화했다. 이는 신의 모습을 따라 만들어졌다는 세간의 기대와는 전혀 동떨어진 결론이었다. 많은 이가 과학이 자신들한테서 신을 빼앗아갔으며 차가운 유물론을 되돌려주었을 뿐이라고 느꼈다(지금도 많이들 그렇게 느낀다). 어떻게 우리는 이 시계 장치 우주 속에서 영적인 허기를 해소할 수 있을까? 도대체 어디에 사랑이 깃들 수 있는가? 이런 지나친 합리주의에 반발한다고 해서 낭만주의자들을 탓할 수는 없다.

이것은 결코 치유되지 못한 균열로서 우리 과학 시대의 크나큰 영적인 빈틈이다. 인간은 무엇을 하란 말인가? 어떻게 해야 우리는 이 난관을 헤쳐 나갈 수 있는가?

어떤 이들은 과학적 메시지를 완전히 무시하고서, 합리성을 내다버리고 맹목적 형태의 종교적 극단주의에 빠진다. 이들은 보통 교조적 정통주의에 완전히 헌신한다. 알카에다나 IS와 같은 과격한 근본주의 운동이 그런 예다. 거기서는 그들의 신념 체계에 반대하는 사람들을 죽이는 일이 신앙의 이름으로, 도덕적으로 정당화된다. 그리고 먼 과거에 확고히 뿌리내린 신앙 체계를 지닌 극단적으로 보수적인 복음주의 기독교도와 하시딕 유대인과 같은, 폭력적이진 않지만 근본주의적 집단들도 교조적 정통주의에 헌신한다. 정통주의 랍비가 수세기 동안 그래왔듯이 온통 검은색 옷을 입은 채로 신나게 GPS를 사용하거나 휴대폰으로 통화를 하거나 또는 병이 들면 항생제를 복용하고 방사선 치료를 받는 모습을 볼 때면 나는 꽤 역설적이라는 생각이 든다. 어째서 양자물리학과 상대성이론의 기술적 자손들이 편의성 면에서만 간편하게 이용될 뿐 혁명적인 세계관으로는 여겨지지 않는 것일까? 그런 장치들을 제작하는 데 쓰이는 바로 그 과학이, 화석의 연대와 지구의 나이 그리고 박테리아에서부터 사람에 이르는 생명의 진화 궤적을 밝혀내는 데도 쓰인다. 정말로 감탄스럽기 그지없다. 그런데도 위에서 설명한 맹목적인 관점은 꼭 종교적 극단주의자가 아니더라도 아주 많은 사람한테 유일한 선택지이다.

또 어떤 이들은 과학이 자신들의 신앙을 조명해 내고 심지어 북돋우기까지 한다고 여긴다. 과학이 신의 업적을 더 깊이 이해할 수 있도록 해준다며. 많은 이의 생각과 달리 전 세계에 있는 다수의 과학자들은 매우 종교적이거나 어느 정도 종교적이면서도, 신앙과 과학이 조금도 충돌하지 않는다고 본다. 어떤 질문은 과학의 영역이고 또 어떤 질문은 아니라고, 합리적으로 주장한다(이런 질문들이 어떤 것인지 나중에 다루겠다). 이는 근대과학의 제왕들한테로까지 거슬러 올라가는 전통인데, 그런 이들로는 코페르니쿠스, 갈릴레오 특히 데카르트와 케플러 및 뉴턴이 있다. 그들이 보기에 과학은 숭배의 한 형태, 신의 마음에 다가가는 한 방법이었다. 프톨레마이오스와 심지어 플라톤 등, 훨씬 더 이전의 시기로까지 거슬러 올라갈 수도 있다. 특히 플라톤은 철학자의 주요 과제란 창조주가 심어놓은 영원한 진리를 찾는 일이라고 제시했다. 그리고 소크라테스 이전 철학자들인 파르메니데스와 피타고라스가 플라톤의 사상에 어떻게 영향을 주었는지를 감안할 때, 자연의 숨은 암호와 창조주의 마음 사이의 관련성은 서양철학의 태동기까지 거슬러 올라간다.

어떤 이들은 전통적 의미에서는 종교적이지 않지만, 유사과학적 개념을 이용하여 고대의 신비주의에 끌리는 자신들의 태도를 정당화한다. 그런 까닭에 이들의 믿음 체계는 과학적으로 신뢰성을 풍기는지라 안타깝게도 많은 사람들이 속아 넘어간다. 몇 가지 예를 뉴에이지 운동에서 찾아보고자 한다. 이 운동은 비록 보편적 사랑, 이해, 치료, 연결, 다름에 대한 존중 같은 온갖 좋은 의도에도 불구하고, 맥락에서 완전히 벗어난 과학 위에다 자신들의 믿음을 올려놓았다. 양자 치료, 기 치료, 키를리안 사진Kirlian photography, 전자심령 현상 연구, 촉수 치료 등에서 '에너지', '양자' 또는 '장'과 같은 개념을 이용하는데, 사실 진짜 물리학과는 별 관계가 없는 개념들이다.[31] 많은 사기꾼들이 사람들의 감성적 심리와 과학에 기대는 마음을 이용해 먹는다. 과학 순수주의자가 할 수 있는 일은 (사기꾼을 밝혀내는 일과 별도로) 과학적 개념의 올바른 적용을 주장함으로써 오남용을 방지하는 것이다.

뉴에이지 쪽 사람들이 우주의 "미묘한 에너지"를 모은

31. 관심 있는 독자는 다음 항목을 재미있게 읽을지 모르겠다. "Energy" in *The Skeptic's Dictionary*, http://www.skepdic.com/energy.html.

다든지, "생명 에너지"를 향상시키거나 "생체장biofield"을 바꾼다고 말할 때, 분명 그런 말들은 물리학적이거나 과학적 개념이 아니라 비유적 개념이다. 즉 한 사람과 주위 환경 사이의, 또는 한 사람과 그런 행위의 실행자 사이의 상호작용의 어떤 상태를 나타내는 개념일 뿐이다.

과학이 일찌감치 알려준 대로 우리는 우주의 피조물로서 자신의 기원 그리고 우주가 자기 자신을 생각하는 방식을 궁금해할 수 있는 능력을 지닌, 살아 움직이는 별-먼지stardust다. 이만하면 경이롭지 않은가? 프라나prana. 힌두교에서 말하는 우주의 근원적 생명 에너지로 숨쉬고, 차크라chakra. 인간 신체의 여러 곳에 있는 정신적 힘의 중심점 가운데 하나를 통해 기의 흐름을 느끼고, 살아 있다는 경험을 확장시킬 방법을 찾아라. 이는 모두가 따라야 할 길로서 우리의 의식을 확장시켜 신비롭고도 불가해한 우주의 진리와 이어준다. 이런 면에서 과학자와 신비주의자는 하나다. 비록 알려진 영역을 넘어선 세계와의 연결을 찾는 방법이 대단히 다르긴 해도 말이다. 일상생활의 우연들(오랫동안 잊고 지내던 친구를 마주치는 일, 여러분이 동반자와 똑같은 말을 하게 되는 일, 예감이 딱 맞아떨어지는 일)을 양자 얽힘 내지는 우주 내의 비국소적 에너지장으로 인한 동시 발생 현상 때문이라고 여겨선 안 된다. 있는 그대로의 사건을 정서적으로 경험하는 일은, 굳이 어떤 보이지 않는 지배력에 바탕을 둔 유사과학적 정당성을 찾을 필요도 없이 그 자체로 소중하기 그지없다. 하향식 인과관계나 만사를 설명해 줄 원리를 찾아야 한다는 생각으로부터 자유로워져야 한다. 뜻밖의 것의 단순한 아름다움을 찬양하라! 지난 4세기 동안 전 세계 수천 명의 헌신적인 남녀들이 성취해 낸, 힘들게 얻은 과학의 신뢰성이 오용되어서 안전한 항구를 찾으려는 이들을 잘못된 길로 유혹해서는 결코 안 된다.

마지막으로, 무신론자이면서 불가지론자인 사람들이 있다. 이들은 인생 경험에 초자연적 신성이나 사건을 덧붙일 필요가 없다고 본다. 나는 이 사람들 및 이들의 차이에 관해 많은 글을 썼는데, 거기에는 왜 내가 극단적 무신론자 입장과 거리를 두고 있는지도 포함된다. 그런 입장은 나로선 과학과 상반된다. 여기서 짚고 싶은 점은, 무신론자와 불가지론자가 곧 반反영성주의자는 **아니라는** 것이다. 이는 우리 논의에서도 그렇고 비신자들의 폭넓은 인식에서도 핵심적이다. 과학의 마법은 사람과 우주 사이의 초자연적 연결을 정당화하는 데 있지 않다. 대신에 미지의 것을 밝혀내는 데 있다. 또한 우리를 자연으로 더 가까이 데려가는 데에, 우리 몸을 구성하는 원자들이 어떻게 태양과 지구가 존재하기 한참 전인 별들에서 형성되었는지를 보여주는 데에, 우리가 우주적 피조물로서 우리 행성 및 그 위에서 살아가는 희귀하고 아름다운 생명체를 보존해야만 하는 이유를 보여주는 데에 있다. 과학의 참된 영성의 원천은 우리와 우주 사이의 물리적 연결을 밝혀내는 데 있다.

하지만 세간의 인식으로는, 만약 어떤 이가 무신론자이거나 불가지론자라면 영적인 사람일 리가 없다. 어림없는 소리다! 앞에서 인용한 아인슈타인의 말을 떠올려 보아도 불가사의, 즉 우리가 이해할 수 없는 세계에 끌리는 성향은 매우 영적이다. 우리 인간은 물리적이든 형이상학적이든 간에 자신의 경계를 확장시키려는 필연적인 욕구가 있다. 더 많은 것을 원하는 이 갈망은 물리적인 면에 국한되지 않는다. 그것은 마음속에도 살아 있다. 그래서 우리는 진실을 더 깊게 이해하고자 하며, 불가능한 것에 도전하고자 하며, 현재의 경계를 넘어서 지식을 넓혀가고자 한다.

우리는 물질적인 감옥이든 정신적인 감옥이든 작은 세계에 갇혀 지내는 삶을 못 견딘다. 어항 속의 금붕어를 생각해 보자. 이 가엾은 생명체는 평생을 좁은 공간에 갇혀 지내야 할 운명일 뿐만 아니라, 어슴푸레한 윤곽으로 파악할 수 있는 바깥의 현실을 알고(물고기가 뭐라도 알고 있다고 본다면) 있다. 유리 너머에 있는 자유는 감질날 정도로 가깝지만 도달할 수 없다. 하지만 바깥 세계는 더 위험하며 미지의 것이고 어쩌면 치명적이다. 마찬가지로 인간도 우리의 행성과 현재의 지식 수준에 갇혀 있다. 우주 공간으로의 도약은 우리의 공간적 경계를 확장시켜 줄 수는 있지만 치명적일 수도 있다. 미지의 세계로 도약하는 일은 지식의 섬을 확장시킬 수 있지만 또한 더 많은 미지의 것, 어쩌면 아예 알 수 없는 것들을 내놓을지도 모른다. 누가 평생 동안 작은 어항 속을 뱅글뱅글 헤엄치길 원할까?

그리고 사랑이 이런 관점으로부터 의기양양하게 등장한다. 의미를 찾으려는 욕구 너머의 힘으로서 말이다. 과학은 사랑을 배제하지 않는다. 실제로 과학은 자신의 씨앗으로서 우리의 개인적이고 집단적인 성장을 위한 핵심 에너지인 사랑을 필요로 한다. 이는 과학을 과도하게 감성적으로 대하는 태도와 무관하다. 아인슈타인이 말한 신비에 이끌리는 마음, 그리고 내가 말하는 미지에 이끌리는 마음은 다름 아닌 사랑을 표현하는 한 방법일 뿐이다. 여러분이 사랑하는 이에게 느끼는 끌림보다, 그 사람이 없으면 작은 어항 속에 갇힌 금붕어 신세처럼 인생이 불완전해질 것이라는 확신보다 더 신비로울 게 무엇이란 말인가? 여기서 "사람"은 다른 인간일 수도 있고 자연 그 자체일 수도 있다. 사랑의 반대말은 증오가 아니라 망각이다.

어떤 대상을 사랑하는 느낌이 진화론적인 생존 전략 또는 이타주의의 선택이득에서 비롯됐다고 볼 수도 있다. 하지만 사랑에 관한 어떤 합리적인 설명도 사랑의 근본 원인을 밝혀내지 못하며, 그럴 수도 없다. 말로 설명하고 나면 재미가 확 줄어드는 농담처럼, 사랑의 힘은 여러분이 그 "사람"을 만나거나 깊은 공감을 경험할 때 뇌신경 속에서 어디가 발화한다든지 무슨 호르몬이 혈액 속으로 쏟아져 들어가는지 아는 데 달려 있지 않다. 사랑의 힘은 그 자체의 느낌과 그 느낌을 나누는 데 달려 있다. 느낌에 대한 어떤 과학적 설명도 비록 그 자체로서 중요하고 분명 연구의 필수적 영역이긴 하지만, 그 느낌의 실제 주관적 경험을 결코 대체하지 못할 것이다. 과학적 설명과 느낌 그 자체는 아주 다르다. 결국에는 신경학적·화학적 개입을 통해 특정한 느낌을 유도하는 일이 가능해질 것이다. 어느 정도까지는 기분을 바꾸는 약과 뇌의 피질에 대한 직접적인 전기 자극이 이미 일정 부분 효과를 보이고 있다. 하지만 느낌을 유도하는 법을 아는 것과 **그 느낌을 느끼기**는 전혀 다른 문제다. 어쨌든 불가사의는 언제나 그대로 존재할 테다. 내가 어떻게 사랑을 느끼고 여러분이 어떻게 사랑을 느끼든, 각각의 경험은 고유하며 좀체 정량화할 수 없다.

애착 속의 자유

강연을 끝낸 후 나는 가이드인 알렉산드레 베르톨루치 씨(아마도 위대한 이탈리아 영화감독과 어떤 관련이 있을지?)를 만나러 호텔로 급히 돌아갔다. 알렉산드레 씨의 부모는 20세기 초반에 이탈리아에서 이민을 왔다. 유럽의 대탈출(특히 이탈리아인들과 독일인들의 대탈출)의 일환으로서 브라질 남부로 건너온 것이다. 브라질에는 이민자와 지역민의 혼합, 즉 포르투갈 출신 백인, 아프리카 출신 흑인 그리고 토박이 브라질인의 혼혈 인구가 많은 편이다.

　40대 초반의 건장한 사내인 알렉산드레 씨는 누군가(책상에 앉아 있기보다는 실베이라강의 맑디맑은 물결을 헤집고 다니길 훨씬 더 좋아하는 사람)와 악수를 했다. 플라이낚시 마니아는 브라질 문화에서 분명 특이한 존재다. 나는 그를 쳐다보았다. 마치 16세기의 호기심의 방Wunderkammer. 16~17세기 유럽에서 유행한, 진귀한 물품을 모아두는 공간 속의 기이한 생명체를 바라보는 듯한 표정으로. 도대체 어떻게 이 친구는 여기서 플라이낚시의 대가가 되었을까?

우리는 밤 열 시쯤 포르투알레그리를 떠났다. 올려다보니 도시의 불빛에 도전하는 몇몇 용감한 별들이 보였다. 찬란했다! 상조제두스아우젠테스는 춥기로 악명 높다. 브라질에서 가장 춥다는 말도 듣는 이곳은 히우그란지두술의 북쪽 지역 산맥에서 약 1,150미터 높이에 자리 잡고 있다. 비록 북반구의 뉴잉글랜드 겨울 기온에 비교할 수야 없겠지만, 섭씨 약 4도의 기온에서 급한 물살 속을 걷기란 결코 놀이 삼아 할 만한 일이 아니다. 그래도 바로 그 일이 이 선구자들이 여기서 하는 일이다. 송어는 그런 날씨를 원한다. 송어는 수온이 10도에서 20도 사이일 때 가장 활발히 먹이 활동을 한다. 물론 송어가 그렇다는 말이며, 전반적인 지침일 뿐 절대적인 규칙은 아니다. 물고기의 종에 따라 알맞은 수온 범위는 조금씩 달라진다. 브룩송어brook trout와 컷스로트송어cutthroat trout는 낮은 온도에서 조금 더 회복력이 좋은 것 같다. 하지만 무슨 송어든 간에, 송어는 낮은 기온에서 신진대사가 느려지고 식욕이 줄어드는 편이다. 나는 늘 온도계를 갖고 다니면서 낚시를 시작하기 전에 수온을 확인한다. 물이 너무 따뜻하거나 너무 차가우면 그만두기 위해서가 아니다. 만약 낚시에 완전히 실패하면, 적어도 나 자신 이외에 다른 구체적인 핑곗거리를 알아두기 위해서다.

실베이라강에서 수온과 물살의 빠르기는 3월과 10월

사이에 최적이다. 그중 전성기는 7월로서 브라질에서는 한 겨울이다. 역설적이게도 이 시기는 또한 북반구에서 사람들 이 낚시를 하는 때이기도 하다. 차이점이라면 북반구는 따 뜻한 반면에 남반구는 춥다. 다행히 내가 브라질에서 낚시 를 하러 갔던 때는 10월 후반이라서 차가운 공기는 대체로 사라진 후였다. 사실 문제는 이미 너무 더워지고 있었다는 것이다. 송어는 따뜻한 물을 절대적으로 **싫어한다.** 단지 싫 어하기만이 아니라 온도가 섭씨 27도쯤을 넘어가면 죽고 만 다. 내가 가슴 아파하면서 여러 번 목격한 사실이다. 그런 아 름다운 생명체가 뜨거운 욕조에서 배를 뒤집고 둥둥 떠 있 어서는 안 될 일이다.

"지난 2주 동안 아무도 낚시를 하지 않았어요." 알렉산 드레 씨가 말했다. "송어들이 잡히고 싶어 안달일 겁니다."

"오호!" 나는 신나게 맞장구를 쳤다. "듣던 중 반가운 소 리군요."

"하지만 우선 거기에 가야 해요. 차로 한참 가야 하니까 맘을 느긋하게 먹어요."

알고 보니 알렉산드레 씨의 말은 농담이 아니었다. 포 사다 포트레이리뉴스에 도착했더니 시간이 새벽 세 시 반이 었다. 그곳은 전략적으로 강에서 2백 미터 남짓 거리에 자리 잡은 시골 여관이었다. 도로는 아찔할 정도로 위험했다. 약 80킬로미터에 걸쳐 험한 자갈길이 이어지더니 마지막에는 흙길이었다. 심지어 꽤 넓은 개울도 건너야 했다. 그 전 주에 집중호우로 다리가 휩쓸려 가버렸기 때문이다.

"천만다행으로 어제나 오늘은 비가 많이 오지 않았어요. 그랬으면 족히 한 시간은 빙 둘러 가야 했을 겁니다. 빈말이 아니에요. 지난번에 여기 이 강을 건너려고 했을 때는 차의 시동이 꺼져버렸거든요." 알렉산드레 씨가 윙크를 하며 말했다. 상황이 실감났다. 강이 우리를 너그럽게 대해준 것에 안도하면서 나는 고개를 끄덕였다. 새벽 한 시 폭스바겐 폭스 안에 갇힌 채 물속에서 오도 가도 못하는 상황만은 피하고 싶었다.

나는 도중에 잠깐 졸려고 했다. 추운 산악지대인 브라질 남부와 딴판인 바이아주의 살바도르에서 새벽 다섯 시 반에 비행기를 타면서 시작했던 정신없는 하루에서 잠시 휴식을 취할 생각이었다. 퍽이나! 내 머릿속은 기대감에 부풀어 잠시도 쉬지 않으려 했다. 송어가 가득한 강에서 하루 종일 보낸다고? 그것도 내 조국에서? 포르투갈어로 말하면서 플라이낚시를 하다니, 한 번도 생각해 본 적이 없는 일이었다.

나는 아침 6시 45분에 잠에서 깨서(그것도 잠이라고 부를 수 있다면), 갈 준비를 했다. 여관은 놀랍게도 만원이었는데 전부 낚시꾼들은 아니었다. 생태 관광이 그 지역에서 인기를 끌고 있는데, 작은 버스가 스무 명의 사람을 싣고 도착해 있었다. 깊은 계곡과 폭포의 숨 막히는 경치를 찾아서 드넓은 산속을 누비려고 온 사람들이었다.

침대에서 보니 무거운 목재 블라인드의 틈으로 태양이 쏟아져 들어오고 있었다. 멋졌다! 갓 내린 커피(천 필터를 이용해 구식으로 내린 커피)의 향기와 수제 머핀, 빵이 대기 중이었다. 알렉산드레 씨도 일어났는데, 나보다 들떠 있었다. 디즈니랜드에 가는 아이 같았다.

"매번 낚시할 때마다 처음 낚시하는 느낌이에요. 늘 새롭거든요." 그가 시칠리아인의 검은 눈을 한껏 생글거리면서 말했다. 알렉산드레 씨는 천국이자 숭배 대상을 찾아낸 사람으로서 자기 경험을 나누는 데 혈안이었다. 비록 컬럼비아의 제러미 씨와는 아주 다른 스타일이겠지만, 훌륭한 멘토가 될 만한 사람이라는 직감이 들었다. 두 사람의 유일한 공통점은 플라이낚시에 대한 열정이었다.

짐을 챙긴 후 나갈 준비를 했다. 이번에는 불상사를 피하고자 장화와 부츠를 직접 가져왔다. 더 이상 찬 물에 몸이 젖을 일이 없으니 다행이다. 그런데 플라이낚시는 여전히 브라질에서 매우 특이한 활동이다. 장비를 구입할 상점도 없는데, 적어도 2007년까진 그랬다. 상파울루에 플라이낚시 상점이 두어 군데 있지만 다른 지역에는 딱히 없다. 모든 걸 임시변통으로 마련하고 재료를 거듭 재사용하며, 수리에 수리를 거듭한 걸 또 다시 수리한다. 미국이나 영국산 플라이낚시용 부츠는 귀하기 그지없는 물건이다. 오르비스 사의 제품은 북반구에서 온 일종의 신성한 물건이다.

아침 일곱 시 반이 되자 태양은 이미 작열하고 있었고, 기온은 27도에 육박했다. "가마솥 날씨겠는데요." 알렉산드레 씨가 입을 뗐다. "하지만 걱정 말아요. 물은 여전히 꽤 시원하니까." 나는 주위를 둘러보았다. 실베이라강은 엽서에 나올 만큼 멋진 계곡 사이로 유유히 흐른다. 오르락내리락하는 언덕에는 초록 풀밭들이 펼쳐져 있고, 저 멀리 검은 화강암 산정상이 보이며, 북부 컴브리아의 황량함과는 확연히 다른 무성함을 뽐낸다. 열대의 플라이낚시! 모순을 만끽하자.

우리는 강으로 걸어갔다. 너무 넓지도 않고 아주 전형적인 큰 바위들도 군데군데 있는 그 강에는 송어가 물살에 떠내려오는 먹이를 기다리며 곧잘 몸을 숨기는 얕은 여울들이 많았다. 알렉산드레 씨는 낚싯대를 두 개 가져왔는데, 하나는 가벼운 2웨이트짜리였고 다른 하나도 가벼운 4웨이트짜리였다. 나는 4웨이트짜리를 달라고 했는데, 당시 나로서는 그것도 다루기가 꽤 벅찼다. 알렉산드레 씨가 그 낚싯대에 염주 모양 요정beaded nymph. 플라이낚시에서 낚싯바늘에 다는 가짜 미끼 플라이를 뜻함을 달았고, 드로퍼에도 판코라pâncora라는 것을 달았다. 판코라는 그 지역의 무지개송어가 즐겨 먹는 작은 연체동물을 닮은 빨간 색의 털 달린 미끼다. "판코라는 실패하는 법이 없죠"라고 알렉산드레 씨가 말했다.

플라이를 다는 데 약 3분이 걸렸다. 아주 오래 걸린 까닭은 그 엉뚱한 사내가 이 분야에서는 당연하다고 여기는 리더(플라이낚시용 제품으로서 끝으로 갈수록 가늘어지는 근사한 나일론 줄)를 하나도 갖고 있지 않았기 때문이다. 즉석에서 하나를 만들어내야 했다. 그래서 직경이 큰 줄에서부터 점점 더 작은 줄들을 연속적으로 이어 붙였는데, 마지막으로 사이즈 12짜리 플라이를 다는 데 사용했던 0.16센티미터 직경의 얇은 줄에 이르러 완성되었다.

"저기로 캐스팅하세요." 반대편 모서리를 가리키며 알렉산드레 씨가 알려주었다. 그곳의 물살은 물리학자들이 말하는 점착 조건no-slip condition에 이른 상태(큰 나무 바로 아래 강의 가장자리에서 사실상 멈춰 있는 상태)였다. 말이 쉽지 제대로 하기는 어렵다. 먼저 나는 4웨이트 낚싯대를 캐스팅하는 데 익숙해져야 했다. 그건 내가 원래 쓰던 6웨이트나 심지어 제러미 씨의 5웨이트와는 아주 달랐다. 마치 공기의 관을 잡고 있는 느낌이었다. 하지만 두 번 실패한 이후 세 번째에는 올바른 지점에 맞췄다. 놀랍게도 낚싯대가 거의 즉시 휘어졌다.

"낚아 올리세요!" 알렉산드레 씨가 외쳤다.

나는 낚싯대를 홱 당기고 나서 플라이 라인을 잡았다. 이게 실화란 말인가? 첫 번째 캐스팅에 송어를 잡았다고? 내 어설픈 낚싯대와 낚싯줄 다루기 실력도 그걸 막지는 못했다. 팬코라로 아침을 먹으려고 혈안이 된, 작지만 멋진 무지개송어였다.

"잘했어요." 알렉산드레 씨가 말했다. "하지만 다음번에는 조금 더 매끄럽게 낚아 올려보세요."

앞을 내다본 말이었다. 나는 두어 걸음 아래로 내려가서 이전과 똑같은 방향으로 캐스팅을 했다. 몇 초 후에 낚싯줄이 보란 듯이 흔들렸다. 낚싯대 절반이 휘었다. 큰 녀석이었다. 낚싯줄을 회수하기 시작했다. 송어는 죽기 살기로 저항하면서 하류 쪽으로 몸을 움직였다. 그러다 갑자기 튀어

올랐는데, 은색 몸이 환한 햇빛에 반짝거렸다. **이게** 바로 진짜 플라이낚시였다.

　　너무 흥분한 탓에 나는 침착함을 잃었다. 그만 낚싯대를 떨어뜨리는 바람에 낚싯줄이 늘어졌다. "낚싯대를 수직으로, 위로 세우세요." 알렉산드레 씨가 말했다. 그렇게 하려고 했다. 하지만 낚싯줄을 회수하려고 할 때마다 송어는 다른 쪽으로 움직였다. 낚싯대가 미친 듯이 휘어지고 있었다. 낚싯줄이 너무 팽팽했다. 경험은 적고 열정만 앞서다 보니 나는 그만 낚싯줄, 특히 가는 낚싯줄은 끊어진다는 사실을 잊고 말았다. 실제로 그렇게 되었다. 마지막으로 당겼을 때 송어는 빠져나가 버렸다. 2킬로그램 남짓 나가거나 어쩌면 더 무거운 녀석이었을지도 모른다.

　　"지금처럼 해서는 안 돼요." 알렉산드레 씨가 나만큼이나 실망해서 말했다. "녀석이 움직이도록 해줘야 합니다. 녀석한테 공간을 내줘 돌아다니게 해서 결국 지치게 만들어야 해요."

　　나는 플라이낚시에서 가장 중요한 교훈 하나를 어렵게 배웠다. 무거운 릴reel과 두꺼운 낚싯줄을 가진 사람들은 좀체 얻지 못하는 교훈이다. 바로, 물고기를 잡고 싶으면 물고기에게 자유를 주어야 한다는 것. 낚싯줄을 너무 빠르게 거두어들이는 데 광분해서는 안 된다. 내 첫사랑이 생각났다. 아네치라는 이름을 가진 열다섯 살의 아름다운 소녀였는데, 내가 열여섯 나이의 과도한 열정으로 그녀를 얼마나 기겁하게 만들었는지 생생히 떠올랐다. 얼마나 자주 우리는 어떤 이를 너무 간절히 원하는 바람에 관계에 큰 부담을 주어 결국 상대를 밀쳐내고 마는가? 스팅은 노래한다. "만약 누군가를 사랑한다면, 자유롭게 해줘요If you love somebody, set them free." 간절히 원하는 것과 자유롭게 해주는 것 사이에서 균형을 잡기란 어렵다. 연인들과 부모들은 그걸 너무나 잘 안다.

그 경험 덕분에 나는 낚시를 유혹과 밀고 당기기의 게임, 즉 사랑의 은유로 여기게 되었다. 너무 세게 당기면 물고기는 뒤로 물러나면서 도망치려고 한다. 물고기를 가까이 두고 싶으면 우선 자유롭게 돌아다니도록, 아니면 적어도 자유롭게 돌아다닐 수 있다고 느끼게끔 만들어야 한다(하지만 낚싯줄이 느슨해지는지 잘 살펴야 한다! 너무 많은 자유를 주다가 **아차하면**, 물고기는 가버리고 낚시꾼에겐 좌절만이 남는다). 곧 물고기는 멈출 테고 여러분은 낚싯줄을 얼마간 회수할 기회를 얻는다. 그 다음에 조금씩 더 많이 회수하다 보면 결국엔 잡게 된다. (낚싯바늘 때문에 물고기가 아픔을 느낄까? 아닌 듯하다.)[32] 한마디로, 우리는 신사적이어야 한다. 낚시는 물고기

---

32. 물고기가 고통을 느끼는지를 살펴보자면, 물고기는 적어도 현재의 지식으로 볼 때 고통을 느끼지 않는 것처럼 보인다. 물고기는 고통을 의식적으로 알아차릴 신경생리학적 능력이 부족하다. 우리가 고통에 대한 반응이라고 여기는 것은 인간의 기준에 바탕을 둔 행동이기에 오해의 소지가 다분하다. 이 사안에 관한 이전의 연구들을 살펴본 최근의 광범위한 조사의 결론이다. 참고문헌은 다음과 같다. J. D. Rose, R. Arlinghaus, S. J. Cooke, B. K. Diggles, W. Sawynok, E. D. Stevens, and C. D. L. Wynne, "Can Fish Really Feel Pain?" *Fish and Fisheries*, 2012, doi:10.111/faf.12010.

와의 줄다리기가 아니다. 물고기의 턱을 너무 세게 잡아당기면 물고기는 그 압력에 반응하여 자유를 되찾고자 몸부림친다. 계속 당기면 몸부림이 더 심해진다. 머리를 이리저리 흔들다가 마침내 바늘에서 빠져나가거나 아니면 줄을 끊고 달아나서 여러분을 빈털터리로 만든다. 낚시에서든 인간관계에서든 유혹은 밀고 당기기여야 하지, 일방적인 밀어붙이기여선 안 된다. 상대방도 하나의 생명체, 즉 애착과 자유에 대한 자신만의 인식이 있는 존재다.

송어를 놓쳤을 때 나는 그걸 존중해야 함을 배웠다. 송어는 나를 조롱하려고 도망친 게 아니었다. 송어가 자유로움을 느끼도록 만들 방법을 내가 몰랐기 때문이었다. 가장 참된 관계에서만 애착 속의 자유가 있다.

알렉산드레 씨가 낚싯줄을 고친 후 또 다른 판코라를 달았다. 내가 캐스팅을 했더니 금세 작은 송어가 하나 걸렸다. 세 번에 세 마리가 걸렸으니, 내 짧은 플라이낚시 인생에서 절대 있을 수 없는 일이었다. 하지만 나로선 그 경험이 부끄러웠다. 15분 만에 송어 세 마리가 물렸지만, 경험 부족 때문에 대어 한 마리를 놓쳤다. 나는 배우는 중이었다. 무엇보다 그게 중요했다.

한계는 방아쇠다

하류로 옮기자 상황이 달라졌다. 송어 낚시는 정말 알다가도 모를 일이다. 한 지점에서는 물고기를 줄줄이 낚아 올린다. 몇 미터만 움직여도 물고기가 얼씬도 하지 않는다. 두 지점을 비교해 보면 거의 똑같아 보인다. 수온도 똑같고, 바위도 똑같은 종류고, 물살이나 수심 그리고 벌레들도 두 쪽 다 매한가지다. 하지만 사람한테 똑같이 보이는 것이라도 물고기에게는 다른 우주일지 모른다. 플라이낚시 강사라면 누구나 말하듯이, 강을 읽고 이 모든 변수를 고려하는 일이야말로 낚시꾼이 배워야 할 가장 중요한 것이다. 강에 있을 시간이 두어 시간뿐이라면 그 시간을 가망 없는 지점에서 허비하고 싶진 않다. 컴브리아에서 만난 내 사부 제러미 씨가 송어의 무자비함을 알려주었다. "송어는 봐주질 않아요. 똑같은 지점에 두 번 캐스팅하진 마세요." 똑같은 지점이나 그 근처에 두어 번 시도를 해봐도(심지어 다른 플라이로 시험을 해보아도) 괜찮긴 하지만, 몇 번 캐스팅해서 소득이 없으면 자리를 옮기는 편이 분명 좋은 판단이다.

알렉산드레 씨가 물살이 빠른 구역을 탐험해 보기로 했다. 작은 폭포 바로 뒤쪽이었다. 한 번 캐스팅을 했더니 금세 송어 한 마리가 잡혔다. "하! 여기들 있네요!" 그가 첫 물고기를 잡고 나서 활짝 웃으며 말했다. 내 차례가 왔는데…… 허사였다. 다시 캐스팅을 해봐도…… 허사였다. "괜찮아요. 조금 아래로 옮깁시다." 알렉산드레 씨가 제안했다. 나는 여기저기에 이런저런 방식으로 캐스팅을 했다. 역시 허사였다. 조바심이 났는지 알렉산드레 씨가 나서보았다. 역시 허사였다. "좋아요. 그럼 상류로 올라가서 다른 지점에서 시도해 보자고요."

　나는 하늘을 올려다 보았다. 적도 지역에서 자주 그러듯이 태양이 무자비하게 이글거리고 있었다. 이미 네 시간째 낚시를 하고 있었다. 강물은 시시각각 더워졌다. 내가 만약 송어라면 수심 깊은 곳으로 물러나 있을 것이다. 알렉산드레 씨를 따라 나는 강폭이 조금 넓은 지점으로 갔다. 큰 바위들이 있어서 유속이 느리고 수심이 깊으며 더 시원한 곳인지라 경계심이 많은 송어가 숨기에 안성맞춤이었다. 거기서 내가 한두 번 시도한 후에, 알렉산드레 씨가 마디가 많은 검정색 플라이로 바꾸었다. 강도래stonefly 유충 모양이었다. "상류 쪽으로 캐스팅해요. 플라이가 조금 떠내려와서 꽤 깊은 웅덩이에 닿게요." 빙고! 플라이가 바위를 지난 직후에, 낚싯대가 마치 감전을 당한 듯 흔들렸다. "조심해서 낚싯줄을 회수하세요. 줄은 팽팽, 낚싯대는 위로!" 알렉산드레 씨가 외쳤다. 잡고 보니 멋진 녀석이었다. 무게는 1킬로그램 남짓이고, 은색 표면에 햇빛이 반사되고 있었다. "빨리요! 바로 되돌려 보내자고요! 송어는 죽이기엔 너무 소중하니까요." 지당하신 말씀! 송어는 죽이기엔 너무 소중한데, 특히 플라이낚시 전용 강에서는 더욱 그렇다(사실은 어느 강에서나 마찬가지). 오늘 내가 보내준 송어는 내일 다른 누군가의 기쁨이 될 것이다. 누가 알겠는가, 그 누군가가 바로 나 자신이 될지.

사람은 다른 생명을 사냥하는 동물들 중에서 가장 삐뚤어진 존재이다. 늘 전리품으로 쓸 동물, 우두머리 수컷, 무리에서 가장 큰 동물을 찾는다. 다른 대다수 포식자들은 그러지 않는다. 그들은 약한 동물, 무리에서 뒤처진 동물, 부상당한 동물을 찾는다. 우리가 사냥하는 방식은 매우 파괴적이다. 가장 강한 녀석을 죽이는 바람에 유전자 풀을 약화시키고 무리에서 선택이득을 앗아간다. 대다수 동물들이 어떻게 번식하는지를 살펴보면 분명하게 알 수 있는 사실이다. 동물 관련 다큐멘터리에 자주 나오듯이, 수컷들은 지배권을 두고 싸워 이기고 나서야 암컷과 짝짓기를 할 수 있다. 왜일까? 전부 좋은 유전자를 물려주기 위해서다. 싸움의 승자는 가장 강하다. 승자가 번식하면 그의 유전자가 다음 세대로 전해진다. 만약 우리가 가장 강한 동물을 죽이면 그 무리의 생존을 해롭게 하고 약화시키며, 자연선택의 작동을 망가뜨리는 방식으로 방해하는 셈이다. 가장 큰 희생자를 잡아서 죽이는 사냥꾼과 낚시꾼은, 크고 멋진 연어나 여을멸bonefish 또는 뿔이 여섯 개 내지 여덟 개 달린 수사슴을 제거함으로써 무리의 미래를 해치고 있다. 스포츠로 하는 낚시나 사냥은 생존을 위한 활동과 다르다. 물고기의 경우 잡았다 풀어주어야 하며 짐승한테는 마취 총을 사용해야 한다. 10킬로그램이 넘는 연어나 뿔이 여덟 개 달린 수사슴이 대문짝만하게 나오는 사진을 찍어서는 친구나 가족에게 자랑하려는 사람들이 늘 있다.

이전 자리에서 한참을 있었는데도 아무 일도 벌어지지지 않았다. 확실히 분위기가 가라앉고 있었다. 알렉산드레 씨는 점점 더 초조해했다. 그 근처의 이곳저곳을 기웃대는 모습에서 알 수 있었다. 한 시간을 그렇게 보낸 후 내가 점심을 먹자고 제안했다. "오후에 하면 되잖아요. 그때 어떻게 될지 보자고요."

"그건 좀 별론데요." 그가 대답했다. "점심 후에는 물이 훨씬 더 따뜻해질 겁니다. 한 마리도 못 잡아요."

"괜찮아요." 내가 말했다. "지금까지 잡은 걸로도 만족해요. 그리고 아마 알렉산드레 씨는 나한테 캐스팅 기술을 가르쳐 주거나 강에 대해서도 두어 가지 알려줄 수 있고요."

"그러면 되겠네요." 알렉산드레 씨가 마음이 조금 놓인 듯 대답했다. "점심 먹으러 가죠!"

우리는 노자가 했다고 알려진 이 말을 실천에 옮겼다. "방향을 바꾸지 않으면, 원래 가던 대로 가고 만다." 몇 시간 동안 아주 낙심천만인 방향으로 가고 있었는데, 대신에 건설적인 무언가에 그 시간을 썼다면 훨씬 나았을 테다.

쌀, 검은콩 그리고 BBQ 스테이크(당시 나는 여전히 고기를 먹었다)로 맛있게 점심을 먹은 후, 우리는 생산적인 캐스팅 수업을 했다. 이전에 했던 캐스팅 경험 전부보다 더 많은 것을 두어 시간 만에 배웠다. 낚싯대를 몸에 바짝 붙여서 잡기, 엄지를 위로 향하게 하기, 손목에 힘을 꽉 주기, 열한 시 방향에서 한 시 방향으로 리드미컬하게 움직이기, 등 뒤에서 낚싯대가 가장 낮은 지점에 도달하기까지 기다렸다가 앞

159

쪽으로 날리기, 그런 식으로 수직 방향의 스윙을 극대화하면 낚싯대의 탄성에너지를 플라이 라인의 운동에너지로 더욱 효율적으로 전환할 수 있다. 성실한 견습생과 노련한 사부는 굉장히 효과적인 조합이다. 오후 중반이 되자 어설펐던 동작이 이제는 매끄러워졌다. 낚싯대에서 플라이 라인이 날아가는 모습은 힘과 우아함의 결정체로서, 15미터 떨어진 곳에 부드럽게 내려앉았다. "해냈어요." 내가 빙긋 웃으며 말했다. "아뇨." 알렉산드레 씨가 대답했다. "더 잘해야 해요. 아직 진짜로 캐스팅을 한 게 아니에요. 나아지고 있을 뿐이에요."

스포츠에서부터 일에까지, 대다수의 활동에서 귀담아들어야 할 교훈이었다. 우리는 목표를 유용한 지침으로 설정하고서 그걸 달성하기 위해 전략을 짠다. 하지만 일단 목표에 도달한 이후에도 늘 더 나아질 수 있다. 더 빨라지고, 더 정확해지고, 더 많은 결과와 데이터를 얻고, 만약 요리를 좋아하는 사람이라면 음식이 더 맛있어지고, 캐스팅이 더 나아질 수 있다. 위험은 이 "더더욱" 욕망에 눈이 먼 나머지 자기 자신을, 즉 목표 또는 일정한 성취의 수준에 도달한 것에서 느끼는 만족감이 내게는 소중하다는 인식을 잃어버리는 데 있다. 다시 말하지만, 예전에 할아버지가 이런 말씀을 하셨다. "머리보다 큰 모자를 쓰면 눈이 덮여버린단다." 그러니 우리는 딱 맞는 것을 찾아야 하고, 늘 우리 자신을 잃지 않으려고 마음을 다잡아야 한다. 모자 종류를 바꾸어야지 크기를 바꾸면 안 된다. 더 많이 원하는 것과 이미 성취한 것에 만족하기 사이의 어느 지점에는 역동적이고 유익한 균형점이 존재한다. 우리는 한계에 맞부딪혀 돌파하려 해야 한다. 한계는 극복할 수 없는 장애물이 아니라 방아쇠이며, 우리를 앞으로 나아가게 하는 추진 연료다. 어디에 도달할지는 얼마나 멀리 가고 싶은지에 달려 있다.

도전하지 않으면 정체된다. 하지만 도전만 하다 보면, 즉 맹목적으로 자기 수준보다 더 멀리 가려고 하다 보면 이미 성취한 것을 즐길 수가 없다. 관건은 한계까지 자신을 밀어붙일 지점을 찾아내서, 운동선수들이 즐겨 말하듯이 거기에 온몸을 내맡기는 것이다. 그리고 이미 성취한 결과에 자부심을 느끼면서 또 한편으로 다음번에 조금 더 세게 자신을 밀어붙이면 된다. 바로 그렇게 우리는 자긍심과 겸손 사이에서 균형점을 찾는다. 지금 수준에 도달하도록 애쓴 노력을 가치 있게 여기는 자긍심 그리고 아직도 늘 향상시킬 여지가 있음을 이해하는 겸손, 이 둘 다가 필요하다. 자긍심이 너무 크고 겸손이 너무 작으면 교만해진다. 자긍심이 너무 작고 겸손이 너무 크면 자존감과 성취감이 낮아진다.

이민자와 개구리 두 마리

캐스팅 수업이 끝나니 오후 중반이었다. 그래도 우리는 도시로 돌아오기 전에 두어 시간 더 산속에 있었다. 알렉산드레 씨에게 드라이브를 좀 시켜주면 안 되겠냐고 물었다. 그

지역을 조금 더 자세히 살펴보고 싶어서였다. 말을 타는 건 반대였다. 이전에 말을 탔다가 이삼 일 동안 제대로 앉지 못했던 적이 있었던 터라.

우리는 실베이라 계곡의 주요 관광명소로 떠났다. '카쇼에이랑 도스 로드리게스'라는 곳(번역하자면 대충 '큰 로드리게스 폭포'란 뜻)은 강에서 폭이 약 15미터 되는 폭포다. 따라서 굉장히 각양각색의 물줄기들이 떨어지는데, 가느다란 개울물 정도에서부터 엄청나게 쏟아지는 물줄기까지 다양하다. 폭포 주변의 자연은 폭발할 듯 무성했다. 울창한 열대 우림과 여기저기 흩어진 초원들이 소나무들과 어울려 마치 초록색의 끝없는 모자이크를 펼쳐놓은 듯했다.

사람은 아무도 없었다. 소 몇 마리만 여기저기서 풀을 뜯고 있었으며 폭포 소리가 쉴 새 없이 들려왔다. 컴브리아의 카우그린 저수지 주변의 황량한 풍경과 뉴잉글랜드 겨울의 매서움이 떠오르면서, 내가 태어나서 23년 동안 살았던 조국이 새삼 반갑게 느껴졌다. 내가 조국을 떠나 산 세월이 조국에서 산 세월보다 오래 되었다. 내 고향은 어디일까? 브라질? 미국? 어쨌거나 고향이란 무엇일까? 이민자는 영원한 방랑자다. 어린 시절의 옛날 집과 현재의 새 집 사이를 오가는 방랑자. 뿌리, 대가족, 어릴 적 동무들, 어린 시절의 낯익은 장소들은 부유하며 사그라지는 기억으로서 우리 머릿속에만 존재한다. 고국에 갈 때마다 관광객이 된 느낌인데, 마치 여러 해 동안 잠이 들었다가 깨어보니 과거와 단절된 늙은이가 된 듯하다. 소설 속의 립 밴 윙클Rip Van Winkle. 미국 작가

위싱턴 어빙의 단편소설 제목이자 소설 속 주인공의 이름처럼 말이다. 옛 친구들은 알아볼 수가 없고, 낯익은 장소들은 존재하지 않거나 너무 변해서 낯설어져 버린다. 시간과 거리가 과거를 뿌리째 뽑아버렸다. 옛 흔적을 찾아보려고 어릴 적 다니던 거리를 돌아봐도 매일 인사를 나누던 사람들, 문지기, 아이스크림 가게 주인, 골목의 이발사 모두 죽고 없다. 타고 오르곤했던 나무들도 베어졌고 그 자리엔 자동차들만이 쌩쌩 달리고 있다. 가게들도 죄다 달라졌다. 모든 게 변했다. 자기 자신의 일부를 빼앗긴 느낌, 과거를 도둑맞은 느낌이다. 마치 가운데 장이 찢겨버린 책처럼 시간이 뭉텅 잘려나갔다. 과거를 간직한 묘지도 박물관도 없다. 나는 리우데자네이루의 옛 동네를 거닐다가 크게 상심한 나머지 거기에 다시 가지않기로 했다. 기억에 남아 있는 과거의 작은 조각이라도 붙드는 편이 낫다. 적어도 기억 속에 남은 것만큼은, 비록 왜곡되었더라도 내 안에 여전히 살아 있으니까.

리우데자네이루가 더 이상 내 고향이 아니라면, 어디가 고향일까? 답은 무척 간단하다. 지금 아내와 아이들과 함께 있는 곳이 고향이다. 미국 뉴햄프셔주(자라면서 거의 들어본 적도 없었던 주)의 하노버가 이제 24년째 내 고향이다. 24년은 내가 리우데자네이루에서 살았던 시간보다 길다. 비록 이곳에서의 추억이 덜 강렬하긴 하지만 말이다(심지어 뉴잉글랜드도 리우데자네이루에서 자라는 소년에게는 그다지 익숙한 이름이 아니었다. 비록 부모님과 두 형은 1950년대 초에 보스턴에서 2년간 지냈고 아버지는 하버드에서 치과 석사학위 과정을 밟긴 했지만). 나는 스물일곱 살에 미국에 혈혈단신으로 건너와서 새 뿌리를 심었다. 가족과 떨어졌을 뿐만 아니라 이민자 공동체나 종교 모임에도 속하지 않았다. 오직 동료 물리학자들과 페르미연구소에서 함께 일하는 사람들뿐이었다. 페르미연구소는 시카고에서 60킬로미터쯤 떨어진 곳에 위치한 대규모 입자가속기 연구소다. 나는 이 나라를 고향으로 삼았다. 여기서 물리학자 경력을 쌓았고, 다섯 아이를 가진 글레이저 가문의 새로운 계보를 만들었다. 나는 여기서의 삶을 매우 소중히 여기며, 그걸 다른 무엇과도 바꾸지 않겠다. 그래도 매번 브라질에 가서 노란배딱새bem-te-vi가 종려나무에서 지저귀고 남십자성이 밤하늘에 반짝이는 모습을 볼 때면, 내가 그날 오후에 실베이라 계곡에서 느꼈던 것과 똑같이 애틋한 향수를 느낀다. 인간의 삶과 비교할 때, 새와 별은 영원한 존재다. 둘은 내가 태어나기 전에도 존재했고 죽은 후에도 존재할 것이다. 알고 보니 내가 느꼈던 향수는 과거를 잊어서 생긴 것이 아니라 미래를 잃어서 생긴 것이다. 시간은 앞으로 행진하고 되돌아오지 못함을 알기 때문이다. 아내와 아이들을 보고서 문득 깨달았는데, 내가 그들을 사랑할 날들은 갈수록 적어진다.

상실감을 느낄 때, 이민자든 아니든 우리 모두에겐 두 가지 선택지가 있다. 자기연민에 빠져서 우리에게 남은 짧은 시간마저 망치는 선택, 아니면 인생을 찬양하고 하루하루를 소중하게 만드는 선택. 비록 언젠가는 양초 한 자루를 켜기도 벅찰 수 있겠지만, 나는 기필코 후자를 선택할 것이다. 그리고 웨일스의 시인 딜런 토머스가 멋지게 표현했듯이 "꺼져가는 빛에 분노하고 또 분노할rage, rage against the dying of the light" 것이다. 토머스는 이 시를 죽어가는 아버지에게 써주었다. 병마와 싸울 힘을 주기 위해서였다. "어두운 밤을 순순히 받아들이지 마세요Do not go gentle into that good night."

나도 아버지에게 그렇게 말했더라면 좋았을 텐데. 아버지는 하고 싶은 일에 밤늦도록 몰두했다. 그러면서 여러 해 동안 줄담배를 피워대는 통에 한 모금 빨 때마다 영혼을 갉아먹었다. 한번은 급하게 어머니를 만나러 오셨다. "이제 네 엄마랑 함께해야겠어." 아버지는 말했다. 췌장암으로 돌아가시기 몇 달 전의 일이다. 사랑은 그럴 힘이 있다. 자신이 추구하는 목적의식을 누그러뜨리고, 영원한 것에 대한 갈망을 훨씬 더 현실적이고 안정적인 것으로 바꾼다.

역설적이게도 바로 그 아버지가, 내가 장래에 대한 불안에 떨던 소년이었을 때 나를 당신 무릎 위에 앉히고선 우유가 담긴 통과 작은 개구리 두 마리에 관한 이야기를 들려주었다. 지금은 내가 내 아이들한테 해주는 이야기다.

"옛날 옛적에 작은 개구리 두 마리가 우유가 든 통에 빠졌단다. 첫 번째 개구리는 헤엄쳐서 통 밖으로 빠져나가려 했어. 하지만 통은 너무 높았고 개구리 다리는 짧았어. 금세 지쳐서 포기하자 곧바로 가라앉았지. 두 번째 개구리는 달랐어. 헤엄친 건 첫 번째 개구리와 똑같았어. 하지만 결코 포기하지 않았는데, 심지어 지쳤는데도 포기하지 않았어. 계속 헤엄치고 또 헤엄쳤지. 계속 헤엄을 쳐서 우유를 휘젓다 보니 어느덧 우유가 버터로 변했지 뭐니. 그러자 온힘을 다해 도약해서 통을 빠져나올 수 있었단다."

이야기를 마친 후 아버지는 짙은 갈색 눈으로 나를 바라보셨다. 그 이야기가 내게 남긴 여운을 아시는 듯한 눈빛이었다. "그러니 마르셀로야, 넌 어느 개구리가 되고 싶니?"

이후로 나는 줄곧 헤엄치는 인생을 살아왔다.

3

이탈리아, 토스카나주, 산세폴크로

미켈란젤로의 송어

2008년에 나는 플라이낚시와 더불어 완전히 새로운 연구 방향, 즉 생명의 기원에 대한 연구에 흠뻑 빠져 있었다. 플라이낚시에 대한 열정이 매우 커지는 바람에 뉴햄프셔에서 보내는 겨울날이 아주 길게 느껴졌다. 1년에 대여섯 달 동안 오토바이를 모셔놓는 그 지역 라이더들처럼(나는 11월부터 4월까지 트라이엄프 오토바이가 헛간에서 꽁꽁 얼어 있는 모습을 애처롭게 바라본다), 우리는 4월 중순에서 10월 하순 사이에만 여기 주변에서 낚시를 할 수 있다. 일부 극성 낚시꾼들은 겨울에도 강에 나가는데, 나도 그런 용감한 정신의 소유자들한테서 감동을 받아서 몇 번 시도해 보긴 했다. 하지만 아쉽게도 내 시도는, 부드럽게 표현해서 소득이 없었다. 반쯤 물에 잠긴 채로 둥둥 떠다니는 얼음 조각 때문에 낚싯줄이 끊기는 데다 손가락이 얼어서 플라이를 다는 데 5분 남짓 걸리자 좋은 때를 기다리는 편이 낫겠다고 마음먹었다. "기쁜 일을 뒤로 미루자." 혼잣말을 했다. "때가 오면 상황이 훨씬 나아지겠지."

이쯤에서 사람들은 곧잘 이런 말을 한다. "당신이 겨울을 해치우지 않으면, 겨울이 당신을 해치울 것이다." 하지만 겨울을 해치우는 건 겨울 스포츠, 그러니까 많은 사람이 타는 스키나 스케이트 및 스노우슈잉snowshoeing. 스노우슈즈를 신고 눈밭을 걷는 스포츠에 해당하는 말이다. 마니아들에겐 죄송하지만, 얼음낚시는 스포츠가 아니다. 그리고 플라이낚시는 적어도 나에게는 겨울 스포츠가 아니다. 그래서 나는 기다리면서 플라이낚시에 관한 책을 읽는 것으로 욕망을 달랬다. 월튼의 책과 같은 고전에서부터 리치 토지스의 끝내주는 『플라이를 휙 날리며』와 데이비드 제임스 덩컨의 감동적인 『강은 왜』 등을 읽었다. 플라이 달기를 배워볼까(자작 플라이를 만들어볼까)도 생각했지만, 그럴 시간이 없음을 곧 깨달았다. 살다 보면 그냥 흘려보내야 할 때도 있는 법.

낚시 철이 시작되는 날(대체로 겨울 해빙 이후 강이 잠잠해지는 때로 4월 15일 전후)을 간절히 세고 있는 와중에, 피렌체로 오라는 초대를 받았다. 국제우주생물학협회International Astrobiology Society, ISSOL가 개최하는 회의에 참가해 달라는 내용이었다. 이 머리글자에는 사연이 있다. 1973년에 설립되었을 때 협회 이름은 '생명의 기원을 연구하기 위한 국제협회International Society for the Study of the Origin of Life'였으며, 회원들은 지구상 생명의 기원을 이해하는 데 주로 관심이 많았다. 하지만 관측천문학이 엄청나게 발전한 데다 여러 과학 분야(지구 및 대기 과학에서부터 생화학과 유전학)의 관심이 집중되고 나사와 유럽우주국의 재정적 지원이 보태지면서, 외계 생명체의 존재를 조사하는 일은 자금 지원을 받을 수 있는 공식 연구 주제가 되었다. 지상의 생명의 기원에 대한 연구와 더불어 외계 생명체의 존재 가능성을 다양한 관점에서 살피는 연구로 지원금을 받을 수도 있었다.

내가 세상에서 제일 좋아하는 곳인 토스카나에 가서 우주생물학의 세계 최고 전문가들과 회의를 한다니, 도저히 뿌리칠 수 없는 초대였다. 하지만 피렌체 주위에 플라이낚시할 데가 있었나? 이번에도 답은 인터넷에서 쉽게 찾았다. 'Fly-fishing in Tuscany(토스카나에서 플라이낚시)'라고 입력했더니 곧바로 산세폴크로에 있는 가이드인 루카 카스텔라니 씨가 나왔다. 산세폴크로는 토스카나주와 움브리아주의 경계에 있는 아레초 지방의 작은 마을이다. 르네상스의 중심지에서 최상급 과학과 낚시를 함께 경험한다니, 여간 값진 자리가 아닐 수 없었다.

"포데레 비올리노라는 펜션으로 가세요. 거기에 우리 클럽도 있어요." 루카 씨가 메일로 알려준 내용이다. "모스카 클럽 알토테베레란 데예요. 가장 좋은 방법은 아레초에서 택시를 타고 오는 겁니다."

내 계획은 이탈리아인들이 테일 워터 테베레라고 부르는 곳에서 이틀 동안 낚시를 하는 것이었다. 그곳은 로마를 희뿌옇게 가로지르는 바로 그 유명한 티베르강(이탈리아어

171

로 테베레강)의 발원지 근처다. 유럽의 플라이낚시 명소 열 곳 중 하나인데, 그 물줄기는 몬테도글리오 저수지 맨 아래의 수문에서 흘러나오는 까닭에 사시사철 차갑다.

토스카나에서의 낚시는 실존주의와 시적 정취가 독특하게 결합된, 완전히 새롭고 반가운 경험이었다. 모스카 클럽(모스카mosca는 이탈리아어로 "플라이"라는 뜻) 회원들에게 플라이낚시는 현대세계의 모태가 된 그곳의 빛나는 과거와 현재를 잇는 교량이다. 위대한 화가 피에로 델라 프란체스카 및 이탈리아 르네상스의 다른 위대한 인물들의 출생지인 산세폴크로가 1475년 미켈란젤로가 태어난 카프레제에서 별로 멀지 않다. 프란체스카의 걸작 〈부활〉은 1460년경에 완성된 그림인데, 이 작품을 두고서 올더스 헉슬리는 1925년에 한 에세이에서 "최고의 그림"이라고 불렀다. 이 그림은 지금도 산세폴크로의 시립미술관 벽면을 장식하고 있다. 죽었다가 부활한 그리스도가 위풍당당하게 서 있다. 왼발은 석관을 밟고 있고 오른손은 군대식으로 깃발을 쥐고 있으며, 두 눈은 마치 신의 세계를 대하는 듯 먼 곳을 지긋이 바라본다. 이 그림이 특별한 까닭은 두 개의 소실점, 즉 그림에서 모든 선들이 수렴하는 듯 보여서 원근감을 자아내기 때문이다. 여기서 두 소실점은 인간의 영역이 신의 영역과 구분되게끔 전략적으로 위치한다. 존재의 두 차원을 상징하려는 의도다.

토스카나 사람들은 그곳의 유구한 역사에 자부심이 대단하다. 흥미롭게도 모스카 클럽의 회원들은 역사와 철학을 플라이낚시와 결합시켜서 누구도 넘볼 수 없는 경험을 선사한다. 예를 들면 아래 구절은 그 클럽의 웹사이트에 나오는 일부 내용(내가 번역한 글)이다.

> 플라이낚시를 한다는 것은 함께하기, 즉 통합을 추구하는 것이다. 여러분은 부츠 밑에서 조약돌이 바스락대고, 플라이가 휙휙 움직이며, 물살이 장화를 때리는 걸 느낀다. 여러분도 물고기의 아가미로 호흡하고 두려움과 순간순간의 난폭함을 느낀다. 다행이어라. 인생의 구속과 틀로부터 자신의 감각을 자유롭게 할 수 있는 낚시꾼이여. 그는 선택받은 자이리라.
> 물속에서 낚시꾼은 원형과 기억을 혼합시킬 때에만 낚시와 혼연일체가 된다. 위대한 낚시꾼은 낭만성과 고색창연함을 동시에 지니며, 1200년대 이탈리아인으로서 플랑드르 지역의 화가이자 르네상스를 규정했던 상상력의 숭배자이며 감성과 지성을 겸비했던 한 사람과 마찬가지다.
> 그는 신호를, 즉 아득한 옛적의 위대한 낚시꾼들이 이 물에 남겨놓았던 비밀스러운 메시지를 보고 느낄 수 있다.
> 그저 가만히 바라보아라. 귀 기울여라…….

인간의 창조성이 폭발적으로 분출되던 르네상스의 고동치던 중심지가 아니고서는, 대체 어디에서 플라이낚시와 문화와 의미에 대한 탐구 사이의 이러한 동맹이 맺어질 수 있을까? 루카 씨를 포함해 모스카 클럽의 회원들한테 플라이낚시는 존경과 헌신의 행위다. 역사, 자연, 문화, 자유에 헌신하는 행위. 나는 단박에 마음을 뺏겼다. 플라이낚시를 새로운 차원으로 승화시킨 사람들의 모임에 속하고 싶어졌다.

◆ ◆ ◆

루카 씨는 큰 키에 수려한 외모를 지닌 사람으로, 삶 자체가 플라이낚시다. 그는 이탈리아인답게 열렬하게 반겨주었다. 나를 만나 진심으로 기뻐했으며, 물속에 있는 그의 사원으로 곧 나를 이끌게 될 것을 직감했다.

"Benvenuto(잘 오셨어요), 마르셀로 씨! 하지만 이탈리아인은 아니네요. 맞죠?"

"네, 내 이름 마르셀로는 브라질 버전이에요. 그래서 알파벳 l이 하나뿐이죠. 브라질에서는 아주 흔한 이름이고요. 내가 다녔던 초등학교에서는 학생 스무 명 중 세 명이 마르셀로였죠."

"그런데 이탈리아어를 아주 잘하시네요, 브라보!"

"이탈리아어를 좋아해요. 브라질식 포르투갈어처럼 이탈리아어는 노래하는 듯해요."

"내일 노래가 절로 나올 거예요. 아름다운 테베레강에 들어가면요."

"몹시 기대되네요."

"그런데 우선 클럽부터 가자고요."

모스카 클럽 알토테베레의 본부는 포데레 비올리노 건물 1층에 자리 잡고 아름다운 주변 풍경을 마주하고 있다. 실내에는 플라이낚시 수집품과 엽서가 가득했고, 벽면은 송어를 들고 웃고 있는 회원들 사진과 전부 모여서 거나한 점심식사를 하는 사진으로 덮여 있었다. 정말로 내가 속하고 싶은 모임이었다.

"저길 봐요." 루카 씨가 큰 유리창 옆의 벽을 가리키며 말했다. "저것들은 지난 해의 플라이낚시 챔피언십에서 나온 최상의 플라이들이에요. 어떤 것 같나요?"

유리를 끼운 나무 액자 속에는 내가 이제껏 본 것 중에서 가장 진귀한 플라이들이 들어 있었다. 각양각색의 화려한 깃털들이 즐비했다. 파란색, 초록색, 붉은색 등의 플라이들과 장식용 바늘들은 하나하나가 예술품이었다. 형광색 푸른 나비 두 마리의 머리가 서로 붙은 모습처럼 보이는 플라이도 있었고, 황금 관을 쓴 공작처럼 보이는 플라이도 있었다. 베네치아 카니발 축제의 이색적인 가면과 깃털, 그리고 플라이낚시의 만남이었다. 대체로 이런 것들은 기능성 플라이가 아니었다. 순수한 아름다움의 대상이었다. 감상하고 감탄하는 용도, 수세기 동안 내려온 이탈리아 장인들의 걸작들을 한데 모으고, 강과 송어에게 바치는 공물의 아름다운 대칭을 찬양하는 용도였다.

"여기 브라운송어는 트로타 미켈란젤로trota michelangelo

라고 불려요. 산세폴크로 근처의 한 마을에서 그 위대한 화가가 태어났기 때문이죠. 그 송어를 보면 세상 모든 송어 가운데서 가장 아름답다는 데 동의할 거예요. 그 거장이 설계한 것만 같다니까요."

좀체 잠이 오지 않았다. 로소 디 몬탈치노 와인을 조금, 아니 많이 마시고 리볼리타를 허겁지겁 먹었는데도 말이다. 리볼리타는 엄청나게 맛있는 토스카나의 수프다. 주재료는 구운 지 이틀 된 빵, 케일, 카넬리니 콩, 당근이다. 그 모든 재료에 엑스트라-버진 올리브 오일을 뿌린 후에 잘게 썬 생양파와 강판에 간 파르미지아노 레지아노 치즈를 올려 내놓는다. 지금 이 글을 쓰고 있자니 거기 다시 가서 또 먹고 싶은 마음이 굴뚝같다. 머리와 마찬가지로 내 위장도 행복했다. 페트라르크, 미켈란젤로 그리고 피에로 델라 프란체스카가 발을 씻었던 바로 그 물속에 들어갈 기대로 부풀어 있었다. 그들이 초록 강둑을 따라 거닐면서 황금빛 물에서 영감을 잔뜩 받고 있는 모습이 눈앞에 보이는 것만 같았다.

◆ ◆ ◆

이튿날 아침, 의무적으로 카푸치노랑 비스코티를 먹고 난 후 루카 씨를 따라서 클럽 회원 한 명과 함께 강으로 갔다. 루카 씨는 내게 5웨이트짜리 낚싯대를 건넸다. 리더 끝에 아주 이상하게 생긴 플라이가 달려 있었다. 지난 해 플라이낚시 챔피언십 우승자들의 화려한 깃털 플라이와는 딴판이었는데, 가운데에 노란 장식이 달린 작은 회색 고무 막대처럼 생겼다. "저도 알아요. brutta, la poverina(아주 못생겼고 볼품없죠). 하지만 여기선 이 웃기게 생긴 게 효과만점입니다." 나의 놀란 표정을 보고서 루카 씨가 말했다. "마르셀로 씨가 사는 곳에서도 잘 통할지 궁금하네요. 써보시고 알려주세요."

"그럼요." 나는 주변 환경에 감탄하면서 대답했다. 여기 테베레강은 폭이 23미터 남짓으로 좁았다. 황금빛이 도는 초록색 물이 흐르는 그곳은 유속과 수심도 제각각이어서 송어가 상류에서 떠내려오는 먹이를 기다리면서 숨기에 안성맞춤이다. 로마의 바티칸 성벽 바로 바깥을 흐르는 강과 똑같은 강이라는 사실을 믿기가 어려웠다.

"상류로 캐스팅해서 낚싯줄이 흐르도록 놔두세요." 루카 씨가 알려주었다. "줄을 너무 멀리 보내지 마세요. 그랬다가는 가장자리 너머 덤불에 떨어지니까요."

지당하신 말씀. 실제로 처음 두어 번이 그랬다. 루카 씨는 이 강물에 서투른 초심자들에 익숙하다는 듯 빙긋 웃었다. "여기서 몇 마리 잡고 나면, 깜짝 선물을 드릴게요."

"좋아요. 바로 해치우죠." 한껏 집중했더니 몇 번 캐스팅이 잘 되었다. 캐스팅하는 팔을 상반신 가까이 둔 덕분이었다. 나는 물속으로 몇 걸음 더 깊이 들어갔다. 강둑의 그늘진 쪽 옆에 큰 나무가 쓰러져 있었다. 캐스팅한 방향에 그림자가 생기는 걸 바라는 낚시꾼은 없다. 송어가 바로 알아보고, 여러분을 맹금류로 여겨서 쏜살같이 도망칠 테니까. 옳

거니! 낚싯대가 멋진 원호를 그리며 휘었고, 나는 반대편에 있는 첫 번째 트로타 미켈란젤로에게 인사를 건넸다. 분명 그 녀석은 가짜 이탈리아어 이름을 지닌 외국인한테 속았다며 분개했을 테다.

루카 씨는 가장 신사적인 가이드였다. 늘 옆에 있지만 너무 가까이 오진 않았다. 내게 공간을 주었다. 진정한 플라이낚시꾼은 고독을 무엇보다도 사랑한다는 걸 아는 사람이었다. 적어도 이번에 가르치는 사람이 그렇다는 건 직감했다. 나는 강에서 혼자 있는 걸 즐긴다. 모든 이와 멀리 떨어진 채로, 가능하다면 주변에 아무도 보이지 않는 곳에서 말이다. 오롯이 나 자신과 강물, 강물이 장화 사이를 휩쓸고 가는 소리, 붕붕대는 벌레 소리, 마법과도 같은 황금빛 광휘(이 지역의 교회와 수도원에 무수히 걸려 있는, 아기 예수를 안은 성모 마리아의 머리를 장식한 바로 그 광휘)에 젖은 주위 풍경뿐.

내가 끙끙대며 몇 마리를 잡은 데 반해, 루카 씨가 데려온 친구는 설렁설렁 열다섯 마리를 잡았다. 매번 캐스팅할 때마다 어김없이 송어를 잡아 올렸다. 깜짝 놀랐다.

못 믿겠다는 표정으로 나는 루카 씨를 쳐다보았다. "저분은 어떻게 저래요?" 고개를 갸우뚱하며 물었다.

"아, 저 친군 여기서 많이 잡아요." 루카 씨가 대답했다. "가장 잘 잡히는 지점들을 꿰고 있거든요. 게다가 testa di trota(송어의 머리)를 갖고 있죠." 송어처럼 생각할 수 있다는 뜻이다. "저 친구한테 신경 쓰지 말고, 자기 낚시에 집중하세요."

나로선 그런 고효율 낚시가 무언가 거슬렸다. 무의미한 일 아닌가? 만약 늘 이기기만 한다면, 경쟁의 즐거움이 뭐란 말인가?

　　루카 씨의 충고대로 나는 집중력을 두 배로 올렸고 조금 더 외진 하류로 옮겼다. 큰 바위 근처에 짧게 캐스팅을 했더니 굉장한 녀석이 걸렸다. 몸에 새빨간 점들이 박히고 전체적으로 황금빛이 났는데, 덕분에 대조가 되어 꼬리지느러미가 더 짙어 보였다. 이 녀석은 밝은 분홍색 플라이를 물었다. 마치 그날 밤 수중 무도회에 입고 나갈 옷을 찾으려는 듯이. 녀석의 불완전한 대칭성은 순수하고 신성한 아름다움의 표현이었다.

　　"자 그럼, 이제 깜짝 선물을 발표할 수 있겠네요. 뭐냐면, 제가 안내할 테니 오늘밤에 야간 플라이낚시를 경험하는 거예요." 내가 잡은 송어에 감탄하면서 루카 씨가 말했다. "그리고 송어가 아프지 않게 제가 좀 도와드리죠." 플라이낚시꾼이 송어를 그렇게나 조심스레 다루는 모습은 이전에도 이후에도 본 적이 없다. 당연히 대다수 낚시꾼은 잡았다가 풀어주는 연습을 하고, 마땅히 그래야 한다. 하지만 루카 씨는 유난을 떤다 싶을 정도로 송어가 다친 데 없이 안전하도록 만전을 기했다. 마치 자신의 입술로 송어의 고통을 느낄 수 있는 것 같았다. 낚시 바늘에는 미늘이 없었기에, 서로 힘 겨루는 동안에 물고기를 바늘에 걸어 놓기가 여간 어려운 게 아니었다. 그래서 더욱 공정하고 흥미진진한 경험이었다. 물고기를 더 많이 놓치긴 하지만, 잡은 것은 순전히 낚시꾼의 실력 덕분이지 고약한 금속 올가미 때문이 아니다.

파스타 에 파지올리pasta e fagioli. 파스타와 콩을 주재료로 만든 이탈리아 스프는 한가득, 와인은 어제 밤보다 적게 먹은 후 달 없는 밤에 우리는 다시 강으로 나갔다. 헤드램프를 켜고 손엔 낚싯대를 쥐고서 루카 씨는 나를 강의 넓고 얕은 지점으로 데려갔다. "강물을 가로질러 캐스팅한 다음에 흘러내리게 두세요. 밤에는 낚싯줄이 어떻게 물에 닿든 꼬리가 조금 생기든 너무 신경 쓰지 않아도 돼요. 송어가 제대로 보질 못해서 그냥 달려드니까요."[33]

처음엔 모든 게 불편했다. 한심하게 모조리 망칠 것만 같아 두려웠기 때문이다. 그러면서도 한편으로는 낚시가 제대로 될지 아주 궁금하기도 했다. 정말 뜻밖에도 두어 시간 후에 송어 네 마리가 물렸고 그중 두 마리를 잡았다. 초보 밤낚시꾼 치곤 나쁘지 않은 결과였다.

"밤낚시의 매력은 시력의 도움 없이 직감으로 해야 한다는 겁니다." 루카 씨가 말했다. "그렇기에 물과 낚싯대와 송어와 하나가 되어야 해요. 딴 데 정신을 팔 수가 없어요. 물아일체의 세계죠."

마치고 돌아오는 길에 나는 다른 차원의 존재가 된 느낌이었다. 내 안에서 무언가가 눈을 떴는지, 나는 내 능력이

---

33. 여기서 꼬리란 낚싯줄이 물살과 부딪혀서 생기는 작은 난류를 뜻한다. 낮 동안에는 물고기를 놀래지 않아야 하므로 반드시 피해야 한다.

라고 생각한 정도를 넘어 스스로를 밀어붙였다. 마침내 어디에서든 낚시를 해낼 수 있으리라는 느낌이 들었다. 아직 배울 게 많지만, 더 이상 두렵진 않았다.

소년이 강 너머에서 나를 바라보았다. 잘 해보라고 손을 흔들어 주었다. 나는 수도원 안으로 몇 걸음 더 들어갔다. 이제 제단과 양초와 불타는 향이 보이고, 바닥에 놓인 황금색의 큼직한 방석은 나더러 거기 앉아 명상을 하라고 권하는 듯했다. 잠시 양초와 향을 바라보고서 나는 깜짝 놀랐다. 불꽃이 환하게 타오르는데도 양초와 향은 줄어들지 않았다. 성경에 나오는 모세와 불타는 덤불을 떠올리고서 나는 어떤 목소리를 기다렸다. 하지만 침묵만이 감돌았다. 만약 하나님이 거기 계셨다면 침묵을 택하셨으리라. 아마도 강물이 하나님의 목소리였을 테다.

"내일 저의 비밀 장소로 데려다 드릴게요." 루카 씨가 말했다. "그럴 자격이 충분하시니까요."

그날 밤 소년이 꿈에 나타났다. 소년의 머리는 토스카나에 뜨는 태양의 황금빛으로 빛났다. 하지만 이번에 소년은 혼자가 아니었다. 어머니가 소년의 손을 잡고 있었다. 어머니는 황금색 별들로 장식된 푸른색의 긴 머리쓰개를 덮고 있었다. 초기 르네상스 그림에 나오는 성모 마리아 같았다. 둘이 빙긋 웃는 얼굴로 두둥실 뜬 채 언덕 너머에서 내게로 날아왔다. 둘의 왼편 나무들은 헐벗었고 오른쪽 나무들은 잎이 무성했다. 태양도 반은 밝았고 반은 어두웠다. 어머니가 천천히 다가와 내 이마에 살며시 입을 맞추셨다. 어머니한테 마지막으로 입맞춤을 받은 때는 여섯 살이었다. 그런데 오늘 어머니가 나를 바라보고 계셨다. 어머니는 늘 나를 지켜보셨다. 나는 고개를 들어 어머니 눈동자의 밝은 빛을 들이켰고, 그 빛이 내 속에 거하도록 꼭 품었다. 어머니와 소년은 여전히 미소를 머금은 채 몸을 돌렸다. 작별인사 없이 둘은 아까 왔던 먼 언덕으로 두둥실 날아갔다.

아침 자명종이 울렸을 때 내 두 눈은 딱 붙어 있었다. 자면서 흘린 눈물 때문에.

아기 지구, 아기 생명

기쁘기 그지없는 플라이낚시에 흠뻑 빠진 날들이 지나고, 이젠 과학자 모자를 쓰고 피렌체 회의에 참석할 때였다. 전 세계에서 과학자들이 350명 넘게 참석한 회의에서 나는 지구 생명체의 기원과 외계 생명체의 가능성에 관한 최신 아이디어를 접했다.

우리가 아는 생명체를 떠올려 보자. 여러분이 숲에서 하이킹을 하거나 산호초에서 다이빙을 하거나 데이비드 애튼버러가 진행하는 BBC 다큐멘터리를 보면 각양각색의 생명체들이 흥미롭기 그지없다. 이제 그 생명체들을 지구(태양을 생성하고 남은 찌꺼기들이 모여서 45억 4천만 년쯤 전에 만들어진 작은 구) 역사의 맥락에서 고찰해 보자. 어떻게 지구는 초기의 생명 없는 행성에서 지금과 같은 생명의 도가니가 되었을까? 왜 여기에는 생명이 있고 가령 금성이나 목성에는 없을까? 죽어 있는 원자들이 어떻게 생각하는 분자 기계가 되었을까?

우선 태양계는 대체로 수소로 이루어진 거대한 구름 덩어리로부터 형성되었다. 수소는 우주에서 가장 단순하고 풍부한 화학원소로서, 핵 속에 양성자 하나가 들어 있다. 이 수소 구름에 한 무더기의 무거운 원소들, 가령 탄소, 산소, 칼슘, 금, 철 등이 섞여 있었다. 이 모든 물질은 어디에서 생겨났을까? 지금 우리가 이해하기로 가장 가벼운 두 원소인 수소와 헬륨만이 별이 탄생하기 한참 전인 우주의 유아기 동안에 출현했다. 리튬과 중수소(deuterium. 원자핵 속에 양성자 하나와 중성자 하나가 든 수소의 동위원소) 등의 다른 원시적인 가벼운 원소들도 이후 곧 합성되었지만 양은 훨씬 적었다. 우주론자가 보기엔 우주에서 중요한 화학 원소는 수소(전체의 75퍼센트)와 헬륨(전체의 24퍼센트)이다. 그 밖의 모든 주기율표의 다른 원소들은 죽어가는 별들에 의해 훨씬 나중에 합성되었다. 과학자들이 우리 인간을 두고 별의 물질이라고 하는 건 바로 그런 뜻이다. 우리는 살아 움직이는 별 먼지의 덩어리다. 죽은 별들의 살아 움직이는 잔해인 우리는 자신의 기원을 궁리하는 존재, 즉 사고하는 물질의 우주적 덩어리다. 하늘을 올려다볼 때 우리는 자신의 과거를 보는 셈이다. 어쩌면 이런 식으로 우리는 고대의 우주적 근원과 이어지길 갈망하는지 모른다. 과학과 시가 동떨어진 것이라고 여기는 사람이라면 누구든 이 점을 심사숙고해 보기 바란다.

우리처럼 별에도 생애 주기가 있다. 태어나서 성장하다가 결국에는 연료를 소진한 다음에 죽는다. 하지만 별은 외부에서 연료를 들여오지 않는다. 연료는 자기 안에 있다. 별로서 존재하기 위해 별은 자기 자신을 소비시켜야 한다. 스스로를 먹어치우는 셈이다. 본디 수소로 이루어진 거대한 공이라고 할 수 있는 별은 자신의 죽음(자체 중력 때문에 종국에 맞이하는 내파內破)에 저항하기에 충분한 복사압을 만들어낸다. 여기에는 대가가 따른다. 별은 자신의 수소를 태워야 하는데, 이때 핵융합이라는 과정을 통해 수소를 헬륨으로 변환시킨다. 별을 죽음으로 이끄는 무자비한 내부 인력에 맞서기 위해서다. 보통 수십 억 년이 지나서 별은 중심부에 수소가 고갈되면서 헬륨을 태우기 시작한다. 그러면 헬륨이 탄소와 산소로 변환된다. 별이 얼마나 무거운지에 따라 그 과정은 더 무거운 원소들의 생성으로까지 이어질 수도 있고 거기서 멈출 수도 있다. 그러다 어느 시점에서 거대한 폭발이 한 번 일어나고(또는 두 번 이상. 자세한 과정은 실제로 더 복잡하다), 별은 내부 물질 대다수를 우주 공간에 쏟아낸다. 이런 물질 속에는 생명에 필요한 무거운 화학원소들이 섞여 있다.

50억 년쯤 전 한 수소 구름이 우리 은하 주위를 천천히 돌고 있는 모습을 상상해 보자. 어느 시점에 주변의 죽어가는 별들로부터 격렬한 충격파가 닥치면서 수소 구름의 평온한 상태가 깨지고 무거운 원소들이 쏟아져 들어온다. 한편

으론 중력이 작용하여 수소 구름을 수축시킨다. 구름은 수축하면서 점점 더 빠르게 회전하다가 차츰 평평한 원반 형태를 이루고, 대다수의 물질은 그 중심부로 떨어진다. 남은 잔해들은 중심부 주위를 미친 듯이 돈다. 시간이 흐르면서 중심부는 응축되어 뜨거워지다가 마침내 점화되어 태양이 되는 반면에, 나머지 부분은 응결되어 크기와 구성 성분이 저마다 다른 세계들이 된다. 이렇게 10억 년 남짓 경과한 시기에 태양계가 태어났고, 지구는 태양에서 세 번째로 가까운 행성이 되었다. 여기서 벌어진 일은 광대한 우주에 걸쳐 거듭 거듭 벌어진다. 죽어가는 별이 새로운 별을 낳고, 창조와 파괴의 사이클이 온 우주에 걸쳐 반복된다. 자연은 끊임없이 변화한다. 에너지가 흘러 다니면서 물질은 한 패턴에서 다른 패턴으로 춤추듯 옮겨간다.

이렇게 생겨난 초창기 지구는 녹은 물질들로 이루어진 뜨거운 공의 형태로, 부글부글 끓으면서 서서히 자리를 잡았다. 혜성과 운석 형태의 잔해들이 어린 지구와 무자비하게 충돌했는데, 이 과정에서 지구는 귀중한 물질들을 얻었다. 바로 물과 단순한 유기물, 즉 탄소가 포함된 화합물 같은 다양한 화학물질들이다. 그때를 가리켜 맹렬한 선물 공세의 시기라고 부를 수 있다. 그런 공습은 지구 탄생 후 약 6억 년 후, 대략 지금으로부터 39억 년 전에 잦아들었다. 만약 그전에 원소들이 모여서 어떤 종류의 생명체를 만들어냈더라도 아마 흔적도 없이 파괴되었을 것이다. 생명은 여러 번 출발에 실패하고서 시간의 먼지 속으로 사라졌을지도 모른다.

지구상 생명의 역사를 이해하려면 지구의 일대기를 먼저 이해해야 한다. 그건 과거에 생명이 깃들었거나 현재나 미래에 생명이 깃들지 모를 그 어떠한 행성을 이해하려고 할 때도 마찬가지다. **한 행성의 생명의 역사는 그 행성의 일대기에 달려 있다.** 그리고 어느 두 행성도 일대기가 똑같지 않기에, 생명은 반복할 수 있는 실험이 아니다. 전 우주에 걸쳐 동일한 생화학적 원리들을 공유할지는 모른다. 가령, 모든 생명이 탄소 기반이며 다윈의 자연선택에 의해 진화될지 모른다. 하지만 각각의 세계는 고유의 생명체를 낳을 테며, 이 생명체는 우연에 따라 그리고 해당 세계의 고유하게 변화하는 환경에 따라 돌연변이와 진화를 겪을 것이다.

위의 논의를 통해 다음의 결론이 곧장 나온다. 지구의 생명체는 고유하며, 만약 다른 곳에 생명이 있더라도 지구의 생명과는 다를 것이다. 그리고 우리는 이 행성의 가장 정교한 생명체이므로(고래, 돌고래, 원숭이, 개, 고양이 등을 존중하지만 지금 나는 사고하는 능력을 말하고 있다) 우리는 그만큼 고유한 지적 존재다. 만약 다른 항성계에도 지적 생명체가 존재한다면(나중에 더 자세히 다루겠다), 근사적인 좌우대칭처럼 우리 인간의 일부 특징을 공유할지는 몰라도 우리와 같지는 않을 것이다. 게다가 어떤 외계 생명체라도 아주 멀리 있을 테니까, 사실상 우리는 혼자인 셈이다. 그런 의미에서 인간은 우주에서 매우 중심적인 존재다. 이를 가리켜 나는 **인간중심주의**humancentrism라고 부르길 좋아한다.

혹자는 말하기를, 우리는 광대한 우주에서 아무것도 아

니며 과학은 우리가 얼마나 무가치한지를 알려준다고 한다. 하지만 내 생각은 다르다. 생각하는 분자 기계라는 고유성을 가진 존재이기에 우리는 중요하다. 지속 가능한 생명의 거처라는 고유성으로 인해 중요한 이 행성에서 말이다. 상호 연결된 이 두 가지 조건(지적 생명체의 존재, 생명체에게 지속적인 생존 환경을 제공하는 행성)이 우주에서 높은 확률로 함께 맞아떨어지긴 어렵다.

여기서 생명의 기원 이야기로 돌아가자. 우리가 확실히 아는 것은 생명이 적어도 35억 년 전에, 원핵생물이라는 매우 단순한 단세포 생명체에서 시작되었다는 사실이다. 원핵생물에는 핵을 감싸는 뚜렷한 유전 물질이 없으며 아울러 더 발달된 세포들에서 보이는 미토콘드리아와 같은 특수한 세포기관들도 없다. 이 원시적인 생명체는 여러 층의 케이크처럼 생긴, 호주 서부에서 발견된 퇴적 구조인 스트로마톨라이트Stromatolite에서 확인되었다. 어쩌면 생명은 이보다 훨씬 이전에 생겨났을 수도 있지만, 최근의 그런 주장은 실질적인 뒷받침을 얻지 못했다. 그렇기는 해도 후기 대폭격late heavy bombardment이 39억 년쯤 전에 끝났기에, 만약 생명이 '고작' 4억 년 후에 출현했더라도 매우 복잡한 형태임을 감안할 때 그걸 가장 빠른 발전 상태라고 여겨도 무방하다. 적절한 조건을 지닌 어떤 다른 세계에서 생명을 발견하더라도 이는 마찬가지다. 하지만 들뜬 낙관론에 빠져 과도한 확신을 갖지 말자는 뜻에서 다음을 유념하자. 단순한 탄소화합물로부터, 심지어 단순한 아미노산으로부터 살아 있는 단세포 유기체가 나오는 데에도 엄청난 도약이 필요함을 말이다. 생명에는 함께 작용하는 복잡한 탄소 기반 분자들 수백만 개가 필요하다. 신진대사를 통해 거친 외부 환경과 포식자로부터 자신을 보호하면서 살아가려면 말이다. 게다가 생명은 번식을 해야만 지속될 수 있다. 그렇지 않으면 생명은 개체로서 사는 동안만 존재한다. 사실 번식이 없으면 종의 개념도 무의미하다. 가장 낮은 차원에서 볼 때, 생명체는 다윈이 밝혀낸 진화와 자연선택의 원리에 따라 번식할 수 있는 분자 기계다.

생명의 기원에 관한 세 가지 핵심 질문(언제? 어디에서? 어떻게?) 중에서 "언제" 질문이 어떻게 보자면 가장 단순하다. 우리가 발견한 가장 이른 생명 표본이 실제로 가장 이른지를 절대적으로 확신할 수는 없긴 하지만(더 이른 것을 찾게 될 가능성은 언제나 있다. 적어도 운석의 대폭격 시대에 이르기 전까지는), 그 질문은 탐색과 확인 방법에 달린 문제다. 비록 이른 광물 표본에서 먼 조상의 흔적을 확인하기 위한 생화학과 지구화학 개념이 굉장히 복잡하긴 하지만, 그런 확인을 가로막을 근본적인 개념상의 어려움은 존재하지 않는다. 한편 "어디에서"는 물론 "어떻게"는 (세 질문이 모두 관련되어 있기는 하지만) "언제"와는 다른 차원의 문제다.

최초의 생명체가 어디에서 출현했는지에 관해서 합치된 의견은 없다. 다윈은 "따뜻한 웅덩이"라고 적었는데, 어쨌든 얕은 물이 정답이라고 귀띔한 셈이다. 그의 직관은 나름 일리가 있는데, 왜냐하면 복잡한 분자들이 떠다니고 서로를 찾아서 반응하고 연결되려면 액체 매질이 필요하기 때문이다. 또한 대륙이 존재하기 한참 전의 초기 지구는 대체로 드넓은 얕은 바다로 덮여 있었다. 조수가 수심과 온도 변화에 영향을 미치기 쉬운 웅덩이야말로 생명체 발생 이전의 화학 작용이 생명체를 만들어내기 위한 이상적인 조건을 제공했을지 모른다. 나는 이러한 가능성을 당시 나의 대학원생 제자였으며 지금은 애리조나주립대학교의 교수로 있는 세라 워커와 함께 심도 있게 탐구했다. 점토 물질(기본적으로 진흙)이나 수중의 뜨거운 열 분출구와 같은 대안들도 타당하지만, 각각 나름의 장점과 단점이 있다. 생명은 단일한 기원에서 뿜어져 나오기보다는 여러 상이한 장소와 여러 상이한 시기에 출현했을지 모른다. 가령 만약 초기 생명이 출현하는 데에 생명 작용에 필요한 재료를 싣고 온 운석이나 혜성 등의 낙하하는 잔해가 필요했다면, 초기 생명은 조건이 알맞고 화학물질들이 서로를 찾기 좋은 상이한 여러 지점에서 싹텄을지 모른다. 다재다능한 지상 생명체들이 가장 극단적인 환경에서도 생존하고 심지어 번영했음을 볼 때, 우리는 어디에서 생명이 등장할 수 있었는지에 대해 열린 마음을 가져야 한다. 이 질문에는 다양한 답이 있을 수 있다.

하지만 "어떻게"에 대한 답은 수수께끼로 남아 있다. 우리가 아는 가장 단순한 생명체인 원핵생물은 35억 년 전에 발생한 것 치고는 이미 굉장히 복잡하다. 물질의 구성 요소를 큰 것에서부터 작은 것으로, 즉 눈에 보이는 것에서부터 분자와 원자 더 나아가 기본 입자들로까지 체계적으로 분해하여 추적할 수 있는 물리학과 달리, 생명의 경우에 우리는 막다른 길목, 즉 원시세포와 마주친다. 물리학에서는 양성자 하나와 전자 하나가 결합하여 수소 원자 하나를 이루는 모습을 그려볼 수 있고, 이 과정을 자세히 계산하는 법을 알고 심지어 그것이 우주 역사에서 언제 일어났는지도("빅뱅" 이후 약 38만 년) 계산하는 법까지도 안다. 하지만 단순한 세포는 이미 대단히 복잡한 실체였다. 제 나름의 기능을 수행하는 온갖 상이한 분자들로 가득 차 있었고, 나이트클럽의 문지기처럼 출입 대상을 선별할 수 있는 보호막으로 둘러싸여 있었다.

이런 어려운 도전과제에 직면하자 과학자들은 두 가지 상호보완적인 접근법을 취한다. 하나는 하향식 방법이다. 단순한 세포 하나를 유전 물질 및 기타 분자들에 따라 체계적으로 분해하여 일종의 생명의 핵심, 즉 생명의 가장 최소 단위를 밝혀내는 것이다. 이 생명 단위를 알고 나면, 이제 질문은 어떻게 그런 복잡한 생명 단위가 애초에 출현했느냐가 된다. 두 번째 접근법으로서 과학자들은 상향식으로 생명을 만들어내려고 시도한다. 레고블록과 같은 상이한 분자들을 택해서 점점 더 복잡하게 쌓은 뒤, 어떤 전환점에 이르러 살아 있는 실체가 되도록 만드는 것이다. 피렌체 회의에 참석한 저명한 과학자들은 두 가지 전선에서 자신들이 이룬 발전을 설명했다. 스크립스연구소에서 온 제럴드 조이스는 자체 조립하면서 경쟁하는 RNA 덩어리들에 관한 흥미진진한 실험을 소개했고, 그것으로 파리의 자연선택 메커니즘도 보여주었다.

　두 접근법 모두 기본적인 문제점을 안고 있다. 비록 한 실험이 성공적이었더라도 그게 생명이 원시 지구에서 밟은 경로인지는 결코 확신할 수 없다. 굉장히 경이로운 결과이긴 하지만, 실험실에서 생명을 창조하는 능력은 어떻게 생명이 35억 년 전에 지구에서 출현했는지를 답해주진 못한다. 우리가 목표로 삼을 수 있는 최상의 결과는, 가능한 시나리오들을 구성한 뒤 그런 시나리오들이 지구에서 발생한, 그리고 우주의 다른 어딘가에서 발생했을지 모르는 일을 어떤 미지의 수준까지 밝혀내길 바라는 것뿐이다. 우리가 아기 지구로 되돌아가서 어떻게 생명이 처음 출현했는지 이해시켜 줄 모든 정보를 뽑아낼 수는 없다. 독창적인 방법론과 성실한 연구를 통해 우리가 모을 수 있는 정보는 불완전할 수밖에 없다. 지구의 과거에 대한, 그리고 지구의 원시적 웅덩이와 토양에서의 생화학 과정에 대한 **정확한** 세부사항은 알 수 없다. 비록 운 좋게도 생명이 막 출현하려는 지구와 비슷한 젊은 외계행성을 찾아내더라도, 거기서 무슨 일이 벌어지는지에 관한 자세한 내용은 근사적으로 알아낼지 모르나 결코 여기에서 벌어진 일과 똑같진 않을 것이다.

　그러므로 우리는 중요한 결론에 다다른다. 우리는 어떻게 생명이 지구에서 시작되었는지 결코 확실히 알지 못할 것이다. 생명이 하나 또는 몇 안 되는 생화학적 경로만 가질 수 있다는 엄밀한 증명이 나오지 않는 한 어디에서든 생명의 기원에 관한 구체적 내용은 알 수 없다는 말이다. 영원히는 아니어도 예측 가능한 미래까진 수수께끼로 남을 것이다.

어떤 사람들은 과학이 무엇을 성취할 수 있고 무엇을 성취할 수 없으리라는 말에 부정적으로 반응한다. 그래서는 안 된다. 과학의 작동 방식, 다시 말해 과학의 무한한 잠재력과 아울러 내재적 한계를 있는 그대로 보여주는 게 중요하다. 과학이 무엇을 성취할 수 있는지에 관해 한껏 부풀린 말들이 많다. 과학이 모든 것을 정복할 수 있다는 일종의 낡아빠진 긍정 일변도의 우월주의를 드러내는 표현 말이다. 더욱 현실적인 견해는 과학을 인간이 하는 하나의 활동으로 여기는 것, 그래서 인간이란 존재처럼 한계가 있고 오류가 날 수 있다고 여기는 것이다. 이 점을 확실히 알려면, 과학사를 재빨리 훑어 보기를 바란다. 인간이 자연계에 관해 더 많이 배우게 되면서 개념과 세계관은 줄곧 변화해 왔다. 과학의 본모습을 이해한다고 해서 과학의 아름다움이나 엄청난 능력이 사라지진 않는다. 최종적인 답에 도달할 수 없다는 사실이 곧 그 질문을 이해하기 위해 우리가 기울일 수 있는 모든 노력을 포기해야 한다는 뜻은 아닌 것이다. 앞서 논했듯이 최종적인 답이 아니라 더 효율적인 데이터와 모형화를 바탕으로 자연을 더 잘 기술하는 것이 과학의 관건이다. 이런 점진적인 발전을 이루려면 우리가 획득할 수 있는 지식의 한계가 필요하다. 그것은 자연 자체에서 나오는 한계로서, 예를 들면 다음과 같다. 빛의 속력은 유한하므로 우리는 우주의 경계 너머의 정보를 얻을 수 없다. 또한 양자불확정성으로 인해 물질의 핵심에는 근본적으로 예측 불가능한 무작위성의 요소가 존재하기 마련이다. 아울러 인간 뇌가 어떻게 작동하는지 그리고 뇌가 어떻게 마음을 발생시키는지에 관한 우리의 지식도 불완전하다. 이 모두를 종합해 볼 때, 이런 한계로 인해 우리는 궁극적 진리를 파악하기 어렵다. 그리고 지식의 한계야말로 과학 발전의 열쇠라는 것도 중요한 사실이다. 장애물을 넘으려면 우선 장애물과 맞닥뜨려야 한다. 그리고 이때 **알 수 있을 가능성**knowability에 관한 질문은 세계 그리고 세계 속 우리의 지위를 이해하는 데 꼭 필요하다.

지식, 끝없는 추구

우리는 이 세계의 모든 것을 보지 않는다. 그럴 수도 없다. 인간은 매우 구체적인 환경에서 진화했고 그 속에서 생존할 가능성을 극대화하는 쪽으로 적응했다. 우리는 지구의 생명체다. 지구 행성은 섭씨 약 6천 도의 표면 온도를 지닌 별에서 쏟아지는 빛을 듬뿍 받는다. 표면 온도는 별이 가장 많이 방출하는 복사선의 종류를 결정하는데, 이 복사선을 가리켜 그 별의 최대출력이라고 한다. 대기권에서 투과와 산란을 겪은 후 지구 표면으로 내려간 그 빛 덕분에 동물들은 가장 필수적인 두 가지 욕구를 궁극적으로 충족시킬 수 있다. 먹이 섭취와 번식이 그 두 가지다. 그러므로 분명 대다수의 지표면 동물들은 이른바 전자기 스펙트럼의 '보이는 창'을 통해 세상을 본다. 그 창을 대략적으로 설명하자면 무지개의 일곱 색깔 빛이라고 할 수 있다. 그 빛들의 진동수는 태양의 최고출력에 대응한다. 일부 종은 전자기 스펙트럼의 가시광선 부분과 달리 적외선과 자외선 파장으로 사물을 보거나 냄새를 이용하여 위치를 파악한다. 또한 박쥐처럼 반향정위 echolocation. 동물이 스스로 소리를 내어서 그것이 물체에 부딪쳐 되돌아오는 음파를 받아 물체의 위치를 찾는 일를 이용하여 움직이는 동물도 있다. 하지만 육지에 사는 주행성 동물 대다수는 가시광선을 이용한다. 고도의 생명체들은 주위에 있는 자원을 가장 잘 이용하여 자손들의 생존 확률을 최적화시킨다. 인간도 예외가 아니다.

우리의 진화 역사와 우리가 사는 행성을 볼 때, 인간은 생존에 가장 유용한 위의 진리를 그다지 간파해 내지 못했다. 즉 우리 주변에는 우리가 보지 못하거나 존재하는지도 모르는 것이 많다는 뜻이다. 하지만 그런 진리의 일부를 못 보거나 지각하지 못한다고 해서 진리 자체가 약해지진 않는다. 정반대다. 낚시꾼이라면 누구나 알듯이, 이러한 보이지 않는 영역들이야말로 흥분을 샘솟게 하는 요인이다. 바로 그런 영역에 성장의 가능성이 존재하며, 우리의 직접적인 현실에서 불가능할 듯한 일이 실제로 가능할지도 모른다. 인간에겐 직접적으로 닿을 수 있는 곳 너머에 있는 영역, 즉 미지의 세계를 탐험하고 싶은 욕구가 있다. 이것은 우리 종의 가장 두드러진 특징일지 모른다. 동물은 안전하길 원하기 때문에 위험에 노출되지 않은 익숙한 경계 내에서 살아간다. 이전에 시도했던 잘 적응된 행동 패턴을 지키고 그런 전략 덕분에 번성한다. 심지어 서식지를 옮기는 동물들도 탐험가는 아니다. 자신들의 뿌리에서 벗어났다가는 치명적일 수 있다. 한편 인간에겐 미지의 세계로 풍덩 뛰어들려는 욕구가 있는지라 불편하고 심지어 위협적인 일에 자신을 노출시킨다. 우리는 위험을 개인 단위에서도 종 단위에서도 감수하며, 정해진 한계 너머로 우리 자신을 끊임없이 밀어붙인다. 경계가 안전하면서도 신축성 있고 확장 가능하기를 원한다.

정신적인 측면도 물질적인 측면과 마찬가지다. 우리는 위험을 감수하고서 지식을 얻으며, 사고와 감정을 표현할 방법을 찾는다. 과학은 단지 자연계를 기술하는 일 말고도 훨씬 많은 일을 한다. 과학은 미지의 세계를 탐험하려는 우리의 헌신이며, 존재의 영역을 확장함으로써 우리가 누구인지를 끊임없이 재정의하려는 인간 욕구의 한 표현이다. 우리의 세계관이 변하면, 세계 속 우리의 위치에 대한 인식과 인간성의 의미도 따라서 변한다. 그런 점에서 과학은 우리에게 가장 중요한 것, 즉 의미 탐구의 표현 방식인 예술과 맞닿는다.

과학과 지식 전반의 한계라는 주제로 다시 돌아가서, 그런 한계가 왜 필수적인지 알아보자. 한계는 우리 주위의 보이지 않는 영역으로 들어가는 입구다. 만약 미세한 미생물이나 멀리 떨어진 별을 맨눈으로 볼 수 없다면, 인간은 시야를 확대하기 위해 현미경과 망원경을 발명한다. 만약 인체 내부나 수중을 볼 수 없다면 시야를 확대하기 위해 X선 기계와 소나sonar. 주로 해양 환경 탐지에 사용되는 장치를 발명해 낸다. 우리가 보는 현실은 미지의 세계로 우리의 도달 범위를 확장시킬수록 계속 변한다. 과학자들이 계속 탐구할 자금을 얻는 한 이런 추구에는 끝이 없다. 마땅히 그래야 한다. 우리한테는 새로운 지식 추구의 짜릿한 즐거움이 필요하다. 우리는 우리가 알고 있는 현실이 확장되도록 경계들을 계속 밀어붙이길 원한다. 진짜 패배는 이런 탐구에 끝이 있다고 믿는 일이다. 어느 날 우리가 지식의 끝에 도달한다면 얼마나 슬플지 상상해 보라. 탐구할 새로운 근본적인 질문도 없고, 확장시킬 경계도 없고, 위대한 발견도 남아 있지 않다. 이미 알고 있는 것에 대해 이러저러한 사소한 조정만이 있을 뿐이다. 놀랍게도 많은 과학자와 사상가 들은 실제로 그런 때가 오리라고, 즉 어느 날 우리가 지식의 끝에 도달하리라고 여긴다. 일부는 심지어 우리가 이미 거기에 도달했다고 선언한다. 그래서 나는 이 사람들이 틀렸다고 알리는 일에 적극적으로 나서게 되었다. 지식의 속성 자체를 감안할 때, 모든 발견은 무지에서 시작한다. 새로운 발견은 몇 가지 질문에 답을 줄지 모르지만 어김없이 새로운 질문을 만들어 낸다. 정말이지 새로운 발견이 더 근본적일수록 결실이 더 클 텐데, 왜냐하면 그런 발견은 이전에 우리가 생각해 볼 수조차 없던 문을 열어젖히기 때문이다. 지식은 무지에서 시작해서 새 지식을 낳고, 이 지식은 다시 더 큰 무지를 낳는다. 바로 그것이 지식의 경이로운 속성이기에, 지식의 추구는 끝이 없다.

끝없는 추구라는 점에서 마찬가지인 송어 낚시를 빠뜨릴 수 없다. 우리는 수면 아래에 무엇이 있는지 볼 수 없다. 다만 매번 물가에 갈 때마다 새로운 경험이라는 점, 심지어 전문가더라도 늘 놀라운 일을 맞닥뜨릴 여지가 있으리라는 점을 알 뿐이다. 새롭게 잡을 송어도 있고 잡지 못하는 송어도 있다. 탐험할 강도 다르고, 낚시를 시도할 조건도 매번 다르다. 헤라클레이토스가 지혜롭게 이해했듯이 모든 강은 저마다 다른 이야기를 전하고 그 이야기는 매일 달라진다. 쓰일 수 있는 모든 책들을 소장하고 있기에 필연적으로 미완성 상태인 호르헤 루이스 보르헤스의 『바벨의 도서관』처럼 "확정되지 않고 무한한" 도서관에서는 완결된 목록이 자신을 포함시킬 수 없거나 심지어 정의될 수도 없기에, 최종적인 이해나 모든 것을 설명할 최종적인 규칙은 존재하지 않는다. 오직 하루하루의 진척, 하루하루의 모험, 여기저기서 끌어 모으는 무한한 퍼즐의 작은 조각들이 있을 뿐이다. 자연은 우리에게 경이와 겸손을 선사한다. 우리가 과학을 통해 자연을 이해하려고 할 때 또는 손에 낚싯대를 쥐고 강에 나가거나 산길을 뛰어오르면서 자연과 만날 때, 우리는 우리가 파악한 것이 보이지 않은 전체와 연결된 가느다란 실한 가닥임을 알게 된다. 존 뮤어의 말을 다시 인용하자면, "무언가를 따로 떼어내려고 하면, 그게 우주의 다른 모든 것에 묶여 있음을 알게 된다." 알려진 것, 알려지지 않은 것 그

리고 알 수 없는 것이 함께 모여 우리가 속해 있는 불가분의
전체를 이룬다.

거기 누구 있나요?

생명의 기원을 탐구하는 이라면 누구든 외계 지적 생명체
에 관한 질문을 제쳐둘 수 없다. 대중강연을 할 때마다 이런
질문을 항상 받는다. 다른 세계에 지능을 가진 외계인이 있
습니까? 아니면 우리 인간뿐입니까? 당연히 이 질문은 실로
중요하다. 어떤 이는 외계 생명체가 존재하며 특히 지적 외
계 생명체의 발견은 역사상 가장 위대한 사건일 것이라고
말한다. 이런 호들갑에 동의하긴 어렵지만, 어떤 종류든 간
에(지적인 생명체든 아니든) 외계 생명체의 발견은 분명 우리
문화에 엄청난 영향을 미칠 것이다. 여러 측면에서 우리가
스스로에 대해 생각하는 방식을 재규정할 텐데, 무신론자
에서부터 유신론자에 이르기까지 모두에게 영향을 미칠 것
이다.

우선 중요한 점 하나를 명확히 짚고 넘어가자. 다른 세
계의 생명에 관해 생각할 때 생명체와 **지적** 생명체를 명확
히 구분해야 한다. 대다수 사람들은 상상하기를, 만약 한 행
성(또는 위성)에 생명체가 있다면 그건 지적 생명체이거나
적당한 시기에 지적 생명체로 발전하게 되리라고 믿는다.
생명이란 결국에는 지능을 갖게 된다고 가정하는 입장이다.

즉 다윈의 진화론에 따라 지능은 생명의 피할 수 없는 결과이며 일단 씨앗이 싹트고 나면 몇 가지 중간 단계를 거친 다음에 시간이 충분히 무르익었을 때 지적 생명체로 피어난다고 보는 것이다. 여기 지구에서 그렇게 되었으니, 많은 사람이 그런 식으로 생각하기 마련이다. 어쨌거나 지능은 그 소유자에게 여러 가지 진화적 이득을 가져다준다. 우려스러운 예를 하나 들자면, 우리는 이 행성의 지배 종으로서 현존하는 모든 호랑이를 쉽게 죽이고 호랑이 가죽을 전리품으로 수집할 수 있다. 지능을 이용하여 우리의 생존에 가해지는 잠재적인 동물의 위협을 모조리 제거할 수 있다(어느 누구도 지능과 지혜가 똑같은 뜻이라고 말하지 않았다). 생명체가 가장 원하는 것이 번식임을 감안할 때, 지능이 늘 진화 게임의 최종 목표라고 볼 순 없지 않을까?

그래, 그렇게 볼 순 없을 것이다. 생명은 자연선택에 의한 적응이 펼쳐지는 실험의 장이다. 최종 목표도 최종 계획도 없다. 달리 말해 생명은 궁극적인 목적이 없다. 만약 생명체가 잘 적응해 있는 상태라면, 돌연변이는 대체로 치명적이거나 쓸모없을 것이다. 적절한 예로서 우리가 가진 유일한 사례, 즉 지구의 생명을 살펴보자. 생명이 우리 행성에 존재해 온 35억 년 가운데 30억 년 동안 생명은 대체로 매우 단순해서, 단세포로 이루어져 있었다. 그렇긴 해도 이미 단세포 동물 내에서 복잡성의 엄청난 전환이 벌어져, 원핵생물에서 진핵생물이 출현했다. 앞서 말했듯이 원핵생물은 유전 물질이 자유롭게 출입할 수 있는 생명체인 반면에 진핵

생물은 DNA를 담은 보호막과 더불어 특수한 기능을 담당하는 세포 구조들인 여러 세포기관을 가지고 있다. 다세포 생명체의 복잡성에서 보이는 이 핵심적이지만 전부 다 파악되지는 않은 도약이 벌어진 후에도, 지구의 생명은 여전히 역사의 대부분 비교적 단순했다.

격변이 시작된 계기는 대기에 산소가 점점 많아지면서부터였다. 단세포 원핵생물 조상들이 광합성 작용을 하기 시작했다. 놀랍게도 우리를 비롯해 다른 다기관 동물들이 존재해 올 수 있었던 까닭은 우연한 돌연변이 덕분이다. 돌연변이의 출현으로 인해 단세포 박테리아가 지구의 초기 대기 속에 든 풍부한 이산화탄소를 소비하고 산소를 배출했다. 그런 작용이 우리 행성을 변화시켜, 복잡한 생명을 지속시키는 데 꼭 필요한 재료를 제공했다. 현재의 측정값에 의하면 대기 중 산소 농도의 급격한 증가는 약 10억 년 전에 시작되어 5억 년쯤 전에 최고조에 이르렀고, 바로 이때부터 다양한 다세포 생물이 폭발적으로 늘어났다. 이때를 가리켜 '캄브리아기 대폭발'이라고 한다. 산소가 풍부하지 않아 신진대사 기능의 이득이 적었더라면, 복잡한 생명의 출현 가능성은 아마도 낮았을 것이다.

방금 우리는, 지금 우리가 아는 바로 그 복잡한 생명체를 출현시킨 중대한 요인을 하나 알게 되었다. 바로 풍부한 산소. 다른 곳에서도 그런 일이 생길 수 있을까? 물론이다. 다른 행성에도 산소가 풍부한 대기가 있을 수 있다. 다른 곳에서도 그랬다고, 심지어는 그 세계에 진핵생물이 많으리라고 **확신할** 수 있을까? 어림없는 소리다. 앞서 말했듯이 생명은 우연한 돌연변이를 통해 진화한다. 여기서 **우연**이라는 말은 한 종의 유전 부호에 무작위적이고 목적 없는 변화가 생겨서 그런 변화가 미래 세대로 전달될 수 있다는 뜻이다. 달리 말해서, 다른 세계의 진핵 박테리아가 여기 지구의 친척이 경험했던 것과 똑같은 종류의 돌연변이를 겪게 되리라고 예상해선 안 된다. 우리는 그런 박테리아의 유전학이 똑같은 방식으로 작동할지조차 확신할 수 없다.

많은 과학자(특히 천문학자와 물리학자)는 생명 및 복잡한 생명체가 존재할 낮을 가능성을 접하고서도 세계의 커다란 수를 즐겨 거론한다. "우리 은하만 해도 별이 약 2천억 개이고 그중 대다수가 행성들을 거느리며, 그런 행성들 대다수는 위성을 거느리고 있음을 생각해 보라. 따라서 우리 은하에서만 수조 개의 다른 세계가 있고, 그 각각이 고유하다." 지금까지 외계 행성에 대해 연구한 바에 의하면 분명 옳은 말이다. "이제 그런 상황을 우주 전체로까지 확장시켜 보라. 그러면 은하가 수천조 개 존재하는데, 우리 은하보다 작은 것도 있고 큰 것도 있다. 이런 셀 수 없이 많은 세계들 가운데 여러 곳에서 생명이 출현했다고 예상하는 게 당연하지 않은가?"

정말이지, 그렇게 예상하는 것이야말로 적어도 지금으로선 우리가 할 수 있는 전부다. 과학의 놀라운 점은 도달할 수 없는 것을 도달할 수 있는 범위 내로 데려온다는 것이다. 수천 년 동안, 어쩌면 영영 우리는 5백 광년 떨어진 먼 세계

3 이탈리아, 토스카나주, 산세폴크로로

까지 여행할 수 없을지 모른다.[34] 하지만 지금도 그 세계를 연구할 수는 있다. 바로 여기 지구에서, 그리고 지구 궤도를 도는 허블 우주 망원경이나 그 후속작이자 2018년 10월 발사 예정인 제임스웹 망원경_{발사 일정이 밀려 실제로는 2021년 12월에} _{발사되었다}을 통해 그 세계에 관한 정보를 모으는 방식을 통해서 말이다. 물고기를 잡기에 가장 좋은 자리를 아는 현명한 낚시꾼처럼 우리는 외계행성 및 그 모체 항성에 대해 우리가 아는 지식을 이용하여 생명이 깃들 만한 곳, 일부 천문학자들이 지구형 행성이라고 곧잘 부르는 행성을 찾을 수 있다. 지구형 행성은 우주 속 우리의 고향인 지구와 일부 성질을 공유하는 행성을 뜻한다. 너무 멀지 않은 미래에 우리는 외계 행성의 대기로부터 데이터를 수집하고, 수증기나 산소 그리고 다양한 탄소화합물 등 생명의 가능성을 알리는 화학 원소를 찾아낼 수 있을지 모른다. 물론 뭐든 그런 걸 찾는다고 해서 외계 생명의 존재가 확인되는 건 아니다. 하지만 적어도 생명에 우호적인 환경임은 알게 된다. **확인**을 위해서는 더 극적인 무언가가 필요한데, 가령 광합성을 하는 데 절대적으로 필요한 녹색 염료인 엽록소를 확인하거나, 한술 더 떠서 중국 만리장성이나 지구의 거대 수력발전 댐과 같은 지구 표면의 대규모 토목공사를 목격하면 된다. 또 어쩌면 외계인의 공학은 우주 공간상에서 이루어지는 방식일지

---

34. 거리 가늠을 위해 설명하자면, 우리 은하의 직경은 십만 광년이다. 우리 은하와 가장 가까운 은하인 안드로메다는 약 2백만 광년 떨어져 있다.

모르니, 우리는 인공적인 달(위성)이나 희미한 별에서 오는 빛을 확대하는 거대한 궤도형 우주 거울을 찾아낼지도 모른다.

하지만 그런 일이 생기기 전에는 설령 많은 세계들이 우주에 존재하더라도, 그리고 그중 많은 세계가 어떤 측면에서 지구형이라 하더라도 생명은 아마도 광범위한 우주적 현상은 아니라고 볼 수밖에 없다. 생명이 우주의 다른 곳에서도 번영하길 기대해야겠지만, 지구와 동일한 물리학 및 화학 법칙들이 전 우주에 적용된다고 볼 때 생명은 거의 확실히 드문 현상일 테다. 우리 태양계만 보더라도 실제 사례가 하나뿐이지 않는가(다른 후보들, 가령 목성의 달인 유로파와 토성의 달인 엔셀라두스가 미약하나마 가능성이 있다. 하지만 이런 천체들의 과학적 가치는 생명의 잠재적인 후보지보다는 생명을 낳을 수 있는 상이한 환경 조건들을 탐구하는 실험실 역할에 있다). 비록 생명이 외계에서 발견되더라도(나도 그러길 정말 바라지만) 아마도 단순한 단세포일 테다. 복잡한 생명체가 발전하기에는 생물학적으로나 행성의 상태로나 어려운 점이 많기 때문이다. **지적인** 복잡한 생명체, 즉 재료를 변환시키고 기술을 창조해 낼 수 있는 생명체가 또 있을 가능성은 희박하다. 물론 완전히 배제할 수는 없지만 그런 일은 아주 드물 것이라고 주장할 수 있다.

가능성이 매우 낮다고 볼 이유는 많다. 1950년대 초 위대한 물리학자 엔리코 페르미가 로스앨러모스연구소 카페테리아에서 동료들과 점심을 먹고 있었다. 냅킨에다 몇 가지 계산식을 휘갈긴 후에 그는 이렇게 외쳤다. "모두 어디에 있는 거냐고?" 친구들은 주위를 둘러보면서 다들 그대로 있다고 페르미를 안심시켰다. "너희들 말고, ragazzi(얘들아)." 그는 말을 이었다. "외계인 말이야. 어디 있냐고?" 페르미의 계산으로는, 나이가 약 백억 살이고 지름이 약 십만 광년인 우리 은하와 같은 은하에는 지적인 외계종이 있어야 마땅했다. 이유를 알기 위해 다음을 살펴보자. 한 지적인 종이 우리보다 천만 년쯤 전 먼 행성에서 출현했다고 가정하자. 천만 년은 백억 년에 비하면 새 발의 피다. 하지만 우리가 고작 4백 년 동안의 과학 발전을 통해 얼마나 많은 것을 이루었는지 생각해 보라. 말을 타고 다니던 인류는 태양계의 변방을 탐사하기 위해 우주선을 보내는 수준까지 발전했다. 마찬가지로, 천 년이나 앞서 과학 기술을 발전시킨 종은 우리로서는 마법처럼 보이는 발명품들로 경이로운 문명을 창조했을 수 있다. 아서 C. 클라크는 이런 유명한 글을 남겼다. "충분히 발전한 기술이라면 뭐든 마법과 구별이 불가능하다." 그들이 우리와 같은 방랑벽을 지녔다면, 비록 광속의 10분의 1, 즉 초속 약 3만 킬로미터로 이동하더라도 충분한 시간 동안 퍼져나가서 여기 지구를 포함해 우리 은하 구석구석에 다다랐을 것이다(그 속력이라면 우리 은하 전체를 백만 년 만에 가로지를 수 있다). 그래서 페르미가 이렇게 물은 것이다. "모두 어디에 있는 거냐고?"

페르미의 질문에 대해, 지적 외계 생명체의 존재를 가정한 많은 답이 제시되어 있다. 핵에너지를 발견한 후 자멸

했다든가, 다른 세계의 식민화가 굳이 필요 없을 만큼 고도로 진화했다든가, 이미 지구에 왔지만 너무 마음에 들지 않아서 아무 흔적도 남기지 않고 떠났다든가, 어떤 놀라운 은폐 기술을 이용해서 여기에 오거나 멀리서 우리를 관찰하는 바람에 우리가 그들의 존재를 알아차리지 못한다든가, 그들이 우리를 창조했다든가, 우리가 그들의 비디오게임 속 캐릭터일 수 있다든가, 그들은 우리와 달리 방랑벽이 없어서 침략 성향의 다른 종이 자신을 발견하지 못하도록 영리하게 자기 세계에만 머물러 있다거나 등등의 온갖 설들이 나와 있다. 또는 비록 존재하긴 하지만 너무 멀리 떨어져 있는 바람에, 그 엄청난 거리를 넘어서 지구를 방문한다는 게 불가능하다는 설도 있다. 외계인은 가령 천 광년 거리(우리한테는 여전히 아주 먼 거리)의 자신들의 주된 항성 주위 지역을 탐험하는 데 만족하고 있을지도 모른다. 이 경우 그들은 존재하긴 하지만 우리로선 알 길이 없다. 비록 지적 생명체가 다른 곳에 존재하더라도 우리는 결코(또는 아주 오랜 기간 동안에는, 왜냐하면 "결코"는 과학에서 사용하기에는 위험한 단어이므로) 찾아내지 못할지 모른다.

아마도 어딘가 생명이 **있을** 것이다. 하지만 지적인 생명체에 관해서라면 사실상 우리가 바로 그 생명체라는 사실을 받아들여야 한다. 외계의 지적 생명체들이 인사를 해오거나 방문하러 오기 전까지는, 그리고 우리가 앞으로 몇 십 년 지나면 외계 지적 생명체에 관한 증거를 찾으리라는 아주 희박한 가능성을 무시해 버리면 **사실상 우리는 혼자다.** 달리 말해서, 지적인 생명체가 어딘가에 존재하더라도 우리는 그 존재를 모르며 예측 가능한 미래까지도 줄곧 그럴 테다. 이런 결론은 판도를 뒤바꿀 것이고 또 그래야 한다. 그것은 우리가 서로와는 물론 우리가 사는 행성과, 그리고 여기의 다른 생명체들과 관계 맺는 방식을 변화시킨다. 따라서 우리 각자를 비롯해 인류 전체에게 새로운 윤리를 마련해 줄 것이다. **모든** 존재와 그 행성을 포함해 다른 이성적 존재들을 존중하라는 칸트의 정언명령을 확장시킬 것이다.

어떻게 생명이 출현했는지 알려면, 적절한 설정이 필요하다. 우리는 지구에서 가장 낯설고 가장 굉장한 장소 중 하나로 가야 한다. 바로 아이슬란드다. 유명한 송어와 연어의 땅, 트롤troll. 스칸디나비아 신화에 나오는 존재과 활화산의 땅. 거기서 낚시꾼은 평온을 찾고 과학자는 소명을 찾을 것이다. 거기서 지구는 우리를 의미의 탐구로 이끌 것이다.

4

아이슬란드,
미바튼스베이트,
락사강

> 영혼의 한계를 밝혀낼 수는 없으리니,
> 그렇게 하려고 모든 길을 다 가보더라도 말이다.
> 그만큼 영혼의 의미는 깊다.
>
> - 헤라클레이토스

이 배에서 내려요!

어찌할 수 없는 방랑벽을 앓는 플라이낚시 애호가라면 아이슬란드에 갈 기회를 거부하지 못할 것이다. 나도 '다트머스 동문 여행' 측에서 동창들에게 아이슬란드 크루즈 여행 초대장을 보내왔을 때 무척 기뻤다. 물론 "최고의 강연 주제도 마음껏 선택할 수 있습니다"라고도 적혀 있었다. 그리고 지구의 지질 역사와 지구온난화에 대한 최근의 논란을 논하기에 그보다 더 나은 장소가 어디란 말인가? 나는 우리 행성의 기원부터 시작해서 인류세(적어도 몇몇 학계에서 현재의 지질시대를 가리키는 것으로 제안한 명칭), 즉 인류가 전 지구에게 돌이킬 수 없는 영향을 끼친 시기까지 줄곧 이야기를 풀어낼 수 있다. 게다가 여행 끝 무렵엔 며칠 동안 유명한 아이슬란드 연어나 브라운송어를 잡으러 갈 수도 있다. 오롯이 아이슬란드의 황무지에서 나와 가이드 둘이서만. 내 낚시 기술을 검증할 절호의 기회이자 우리 행성의 가장 불가사의한 장관으로 떠나는 순례가 될 것이다. 눈 덮인 활화산이 용암을 뿜어내고, 유황 연기가 지하에서 부글부글 솟아오르고, 간헐온천이 증기를 마구 뿜어내며, 수백 군데 폭포가 위용을 자랑하고, 심지어 엘프들이 이끼 덮인 돌 위에서 춤출 것만 같은 풍경으로 떠나는 순례. 휠뒤포크Huldufólk. "숨은 사람들"이란 뜻으로 아이슬란드 민간전승 속 요정을 뜻함에 대한 믿음이 너무 뿌리 깊기에 아이슬란드에서의 건축 프로젝트는 종종 엘프가 살 것처럼 보이는 장소나 돌로부터 떨어져서 추진될 정도다.

이번 여행은 당시 임신 30주 차인 아내 카리와 다섯 살 난 아들 루시안과 함께했다. 우리는 어느 때보다도 더 설렜다. 멋진 크루즈 선박을 타고, 쉬엄쉬엄 돌아다니고, 정박지를 둘러보고, 선상에서 만난 좋은 동반 여행객들 및 그들과 대화하고…… 산모와 아이에게 완벽한 여행이었다.

확실히 밝히자면, 아내는 여행 며칠 전에 주치의와 상담을 했다. "가서 즐기세요." 주치의가 말했다. "걱정 안 하셔도 됩니다. 생체 신호들이 아주 좋으니, 몸이 좋은 상태입니다." 아내는 **매우** 진지한 아마추어 운동선수이다. 임신 6개월까지 규칙적으로 달리기를 했고 배에 오르는 날까지 수영을 했다. 요즘 아내는 세계 최상위의 장애물경주 선수에 속해 있다. 크루즈 선박에서 한가롭게 엿새를 보내는 일은 식은 죽 먹기일 터였다.

여행 며칠 전인 7월 7일, 나는 미국공영라디오 블로그에 쓸 과학과 문화에 관한 주제를 찾다가 『데일리 인디아』에서 이런 뉴스를 만났다. "아이슬란드의 헤클라 화산은 언제든 분출될 수 있다. 지질학자들이 아이슬란드의 가장 무시무시한 화산의 특이 활동을 모니터링하고 있는데, 그 화산이 언제라도 분출할 가능성이 있어 온 유럽이 화산 구름에 덮일지 모른다는 두려움이 생겨나고 있다."

　　정말로? 중세시대에 헤클라산은 타의 추종을 불허하는 화산이자 그 용암 분출 능력 때문에 "지옥으로 가는 입구"로 불렸다. 성직자들이 남긴 기록에 의하면 무시무시한 겉모습과 힘을 자랑했으며, 부활절엔 마녀들이 모여들었고, 새 모양의 영혼들이 화산 분출 동안에 내부로 빨려 들어갔다고 한다. 아이슬란드에는 미국 펜실베이니아주만 한 크기의 활화산이 130군데 있고, 그중 열여덟 군데가 사람이 처음 정착한 서기 9백 년경 이래로 여러 번 분출했다. 이를 감안했을 때 오직 헤클라산이 지옥으로 가는 입구라는 이름을 얻은 것은 그만큼 특별하다는 뜻이다. 헤클라산 한 군데서만 그 기간 동안 스무 번 넘게 분화했는데, 마지막 분화가 2000년 2월 26일에 있었다. 헤클라산에서 큰 분화가 일어나면 재앙이 닥칠 것이다. 작은 분화만 일어나도 적어도 우리의 크루즈 여행과 나의 낚시 계획이 수포로 돌아갈 테다. 2010년 5월, 어느 언어로도 발음하기가 무진장 어려운 이름을 지닌 화산인 '에이야퍄들라이외퀴들'의 분화는 유럽에 두꺼운 독성 화산재로 인한 큰 재앙을 초래했다.

나는 다트머스 동문 여행 주최 측에 임박한 재난을 경고하는 메일을 보냈다. 전체 일정을 취소해야 할까? 우리는 이런 우려에 관해 물었고 그 후 이삼 일 동안 뉴스를 살폈다. 상황이 진정되는 듯 보였다. 내 짐작에 아이슬란드의 화산 분출은 캘리포니아의 지진처럼 태연하게 받아들여진다. 사람들은 미리 알고서 대비해야 하는데도(가스 마스크, 곡괭이, 물과 음식을 집집마다 확보해 두어야 하는데도) 무심히 넘어가 버린다.

　　우리는 보스턴에서 레이캬비크로 가는 빠른 비행기를 탔고, 다음날 크루즈에 오를 생각에 설레었다. 늦은 오후에 도착해서 호텔 주변을 구경하러 나갔다. 레이캬비크는 측면에 조용한 만을 끼고 있었고, 멀리 눈 덮인 산꼭대기들이 보이는 멋진 풍경을 자랑했다. 그 꼭대기들 중 하나인 '스나이펠스외쿨'이란 화산은 서쪽 반도에 위치해 있는데, 쥘 베른의 『지구 속 여행』에도 등장하여 문학적으로 유명해지기도 했다. 첫인상은 특이하게도 나무가 적다는 점이다. 여기저기에 몇 그루 흩어져 있긴 했지만, 산을 바라보아도 헐벗은 산비탈뿐이었다. 관광 기념품 가게들에는 바이킹 검과 투구 그리고 껴안을 수 있는 못생긴 트롤과 엘프들이 바다오리 인형들과 뒤섞여 있었다. 시간이 흐르고 낮이 끝났다. 하지만…… 밤은 오지 않았다. 그런 고위도(64° 08' N)의 7월 중순에 태양은 지평선 근처의 얕은 원호를 따라가는지라 잠시 동안만 아래로 잠긴다. 그래서 석양이 종종 장관을 연출하면서 아주 길어진다. 그래서 모든 집은 잠에 들기 위해 아주 두꺼운 커튼을 치거나 나무판자를 댄다.

  이튿날 우리는 함께 여행할 사람들과 합류해서 프랑스가 운영하는 크루즈 '르 보레알'에 올랐다. 짐을 풀고 나서 저녁식사를 하러 갔는데, 거기서 몇몇 다트머스 동창을 만났다. 앞으로 여행 중에 겪을 많은 일을 놓고서 한창 즐겁게 대화를 나누고 있는데, 한 나이 든 신사가 엉거주춤 일어서려 하더니 자기 다리에 감각이 안 느껴진다고 외쳤다. 나와 아내는 살짝 당황해서 어떻게 해야 할지 어리둥절한 채로 서로를 쳐다보았다. "걱정하지 마요." 신사가 허벅지를 주무르면서 말했다. "종종 이래요. 괜찮아질 겁니다." 신사의 아내가 눈을 굴렸다. 이런 일에는 관여하지 않는 편이 낫다.

  우리가 자리를 뜨기 전에 취침 인사를 나누고 있을 때, 내 이름이 스피커에서 들렸다. 선장실로 부르는 소리였다. 멋진걸, 나는 생각했다. 선장이 나한테 인사하고 안면을 트자는 뜻이려나 싶었다. 선장실에 갔더니만, 매우 근심어린 표정의 의사도 와 있었다. 일찍이 아내는 의사와 만나 인사를 나누는 자리에서, 임신 30주이며 태반이 낮아져 있는 상태라고 알려주었다. 아내는 걱정할 일이 없고 아주 말짱한 상태라고 의사를 안심시키고 싶었다. 선장은 단도직입적으로 말했다. "너무 위험해요. 우리는 고립된 상태로 지낼 겁니다. 만약 출혈이 생기면 우리는 배에서 아무 조치도 못해요. 의사와 이야기해 보고서 나는 사모님께서 오늘밤 이 배에서 내려야 한다고 결정했습니다." 깜짝 놀라서 우리는 항의했다. 일어서지도 못했던, 저녁식사 때의 신사 이야기도 들려주었다. "지금 이 배에서 내려야 할 사람은 그 신사라고요." 내가 말했다. 아내도 씩씩거리고 있었다. 의사한테 나는 아내의 건강에 아무 이상이 없다고 말했던 미국의 산부인과 주치의와 상의해 달라고 부탁했다. "주치의와 말을 해볼 순 있겠지만, 고성만 오가겠네요." 의사가 말했다. "그 주치의는 분명 실력이 부족해요. 제 마음은 바뀌지 않을 겁니다." 의사는 자기가 모든 것을 안다는 듯 은근히 짜증나게 만드는 프랑스인 특유의 미소를 지었다. 결론만 말하자면, 밤 열한 시에 우리는 짐을 꾸려서 우리가 묵는 선실에서 나왔다. 다른 승객들이 어리둥절하게 쳐다보는 와중에 우리는 짜증이 잔뜩 난 다섯 살 아들을 데리고 배에서 내렸다. 몇 분 후 호텔 보르그로 되돌아왔다. 크루즈 여행은 시작도 하기 전에 끝났다. 계획이 완전히 어그러졌다.

이제 뭐하지? 여행 주최 측과 몇 시간에 걸쳐 여러 번 통화한 끝에 계획을 짰다. 우리는 레몬을 레모네이드로 만들기로 했다. 즉 아이슬란드에 머물긴 머무는데, SUV를 렌트해서 직접 그 섬나라를 탐험하기로 했다. 사흘 지나서는 아이슬란드의 북부 중심지인 아퀴레이리 항구에서 크루즈와 만날 예정이었다. 그때 내가 크루즈 여행을 위해 미리 준비했던 내용을 전부 끌어 모아서 긴 강연을 할 참이었다. 조금 필사적인 그 계획은 멋지게 통했다. 결코 잊을 수 없는 여행을 했다. 아이슬란드의 극적인 풍경을 누비는 모험들을 하면서 가고 싶었던 장소를 마음껏 돌아다녔다. 튼튼한 니산 SUV와 우리가 '로라'라고 부른 내비게이션 속 여성의 아름다운 목소리 덕분이었다.

태곳적 풍경

첫날은 이른바 골든서클을 탐험하며 보냈다. 그곳 레이캬비크 동쪽에는 아이슬란드의 가장 유명한 관광명소 몇 군데가 있었다. 첫 번째로 들른 곳은 게이시르Geysir, 즉 게이시르 지열 지대였다. 이름대로 큰 간헐온천geyser 하나와 그 주위에 몇몇 작은 간헐온천을 거느린 곳이었다. 김이 나는 뜨거운 물을 몇 분에 한 번씩 30미터 높이로 쏘아 올린다. 군중이 그곳 주위에 둘러서서 침착하게 기다리고 있노라면, 지하에서 물줄기가 치솟으며 뜨거운 물과 증기를 내뿜는다. 간헐온천은 대체로 활화산 지역에서 생기는데, 이런 지역에서 지표수가 땅속으로 흐르다가 대략 1.6킬로미터 깊이에 있는 뜨거운 암석에 부딪힌다. 그러면 급격히 가열된 물이 폭발적으로 팽창해서 위로 솟구쳐 지면을 뚫고 분출된다. 게이시르와 주변 지역의 경우, 활동하는 많은 간헐온천은 단층을 따라 놓여 있다. 단층은 지각에서 암반들이 서로 다른 방향으로 움직여서 생긴 어긋난 면이다.

아이슬란드는 말 그대로 북아메리카 판과 유라시아 판이 만나는 경계면을 따라 찢어지고 있는 중이다. 그 경계면에는 격렬한 지하 활동의 배출구 역할을 하는 아이슬란드의 무시무시한 화산들 대다수가 놓여 있다. 우리의 목표는 싱벨리르로 가는 것이었다. 그 국립공원 지상에서는 단층선이 거대한 협곡 형태를 그대로 볼 수 있다. 도중에 우리는 아찔한 굴포스에 들렀다. 아이슬란드의 강에서 장관을 이루며 드문드문 나타나는 수백 군데 폭포들 가운데 우리가 처음 본 폭포였다. 천둥소리를 내는 강물이 양쪽으로 난 가파른 벼랑 아래로 추락하듯 떨어진다. 그래서 바닥을 아예 볼 수가 없는지라, 마치 바닥이 없는 것만 같고 그 폭포가 지구 중심으로 들어가는 거대한 구멍이라는 착각을 불러일으킨다. 그 광경의 야성적인 아름다움이 황홀하긴 했지만, 그 와중에도 나는 그 물속에 물고기가 들어 있겠지 생각했다. 시간이 빠듯해서 싱벨리르로 가는 '지름길'인 F338 도로를 타기로 했다. 그러면 아이슬란드에서 두 번째로 큰 빙하인 '라웅쾨퀴틀'을 제대로 볼 수 있었다.

도로는 그야말로 지옥이었다. 아주 울퉁불퉁한 끔찍한 지형이 60킬로미터 넘게 펼쳐졌다. 몇 번은 아찔하게도 얕은 강을 건너야 했는데, 타이어 자국이 두 줄로 보이고 그 사이에서 물이 빠르게 흘렀다. 여기저기 흩어진 돌 위의 이끼 말고는 생명의 흔적이 전혀 없었다. 화성에 있는 듯했다. 아내는 좌석에서 오르락내리락하고 있었다. (아주 커진) 배를 너무 세게 잡고 있어서 양팔에 경련이 났다. (잠자코 있으면서) 나는 우리가 예정일보다 일찍 아이슬란드 아기를 낳는 게 아닌가 싶었다(흥미롭게도 우리 아들 가브리엘은 조금 바이킹을 닮았다). 눈 속에 산다는 큼직한 예티도 가릴 듯한 두꺼운 먼지구름과 도로의 움푹 팬 곳들 가운데서 우리는 북

대서양 바닷물을 평온히 가르고 있을 거대한 크루즈가 마냥 그리웠다. 하지만 아랑곳하지 않고서, 경탄스러운 먼 빙하 풍경을 보았다. 게다가 빙하 풍경이 나타나기 전에 얼어 있는 경이로운 사막도 보았다. 그 사막에는 모래와 눈과 이국적인 윤곽의 용암이 뒤섞여 있었다. 감사하게도 자동차와 아내는 무사했다. 이제야 알겠다. 그 지역 주민들이, 어디로 가는지도 모른 채 아이슬란드의 외딴 내륙으로는 감히 뛰어들어선 안 된다고 말리는 이유를.

그 장소(정말이지 그 나라의 대부분의 장소)는 태곳적 느낌이었다. 아직도 지질 생성의 초기 단계에 있는 듯했는데, 사실 맞는 말이다. 왜냐하면 아이슬란드는 겨우 1천 8백만 년 전에 바다에서 출현했기 때문이다. 단층선, 간헐온천, 화산, 시골 여기저기에 나 있는 땅 구멍에서 새어나오는 유황 진흙 등을 목격하는 일은 난폭한 힘들이 어린 지구 자체를 생성하고 있던 때로 돌아가는 시간 여행이다. 황량한 풍경과 난데없이 서 있는, 꼭대기가 얼음으로 덮인 피오르는 인간이 지구를 돌아다니기 전의 먼 과거를 떠올리게 했다. 외딴 곳들을 거닐다가 엘드보르그 화산에 올랐다. 꼭 콘 윗부분을 닮은 정상 너머로 깊은 심연을 바라보고 있자니, 마치 우리가 오딘과 그의 아들 토르의 신성한 땅을 침범하는 것만 같았다. 혹시나 그런 신들이 있나 싶어 나는 인간의 현실과는 완전히 동떨어진 그곳 주변을 한동안 둘러보았다.

아쿼레이리에서 크루즈에 다시 오르기 위해 우리는 아이슬란드를 남쪽에서 북쪽으로, 그러니까 시계 방향으로 돌

217

앉다. 덕분에 여행객들이 덜 다니는 지역, 즉 아이슬란드 북서쪽 끝에 있는 이사피외르뒤르 마을 주위의 피오르를 구경할 수 있었다. 작은 땅끝 마을 위로 거대하게 솟은 땅이 인간을 바다로 쫓아낼 절호의 순간을 기다리고 있는 것만 같아 으스스했다. 하지만 그 마을 사람들은 굳센지라 그런 도전을 아마도 기쁘게 받아들일 것 같다. 무릎까지 오는 진흙밭에서 벌이는 축구 경기인 '유럽 늪지 축구 챔피언십'을 자랑스레 개최한 것만 봐도 알 수 있다. 많은 브라질 사람들은 꿈도 못 꿀 경기다. 특히 66° 위도에서는 더더욱. 하지만 진흙 축구는 '진짜 아이슬란드인'이 누구인지를 규정하는 행위에 비하면 아무것도 아니다. 그 행위란 바로, 한 손에 횃불을 들고 아이슬란드 국가를 부르면서 드라웅게이섬을 향해 알몸 수영을 하는 것이다. 만약 그게 모든 십 대들이 반드시 거쳐야 하는 통과의례라면, 그 나라 인구가 줄어드는 이유가 납득이 된다.

아퀴레이리는 오딘이 골프공을 잘못 쳐서 생긴 디봇divot. 골프 타구 때 클럽에 의해 뜯겨진 잔디 조각처럼 보이는 곳에 자리 잡은 매력적인 도시다. 그 결과로 U자 모양의 길쭉한 만이 생겼는데, 이 U자 바닥에 마을이 자리 잡고 있다. 크루즈는 독특하게 생긴 널찍하고 예스러운 항만 시설에 도착해 있었다.

나와 아내는 보란 듯이 선장과 의사한테 찾아가 인사했다. 어설픈 미소를 나눈 후, 의사는 아내의 불룩한 배를 경탄과 실망이 섞인 표정으로 바라보았다. "우린 화산 몇 군데를 걸어 다니면서 멋진 시간을 보냈어요." 아내가 빈정대는 웃음을 띠며 말했다. "의사 선생님은 배에 갇혀 지냈으니 너무 안됐네요."

안내를 받아 강연장으로 갔더니, '학생들'이 기다리고 있었다. 설레는 마음으로 드디어 내 일을 했다. 우리의 기원과 지구의 지질 역사와 지구의 환경을 청중들에게 이야기하는 일 말이다.

현대적인 창조 이야기: 통합된 관점

모든 문화에는 저마다의 창조 이야기가 있다. 이는 가장 근본적인 질문, 즉 왜 우리가 여기 존재하는가라는 질문에 나름의 답을 내놓기 위한 서술이다. 서양인들한테는 성경이 익숙한데, 거기서 창조는 하나님의 의도적인 행위다. 창세기는 날마다 복잡해지는 일련의 사건들을 이야기한다. 꽤 흥미롭게도 전지전능한 하나님조차도 일이 뜻대로 되지 않는다. 아담과 이브가 하나님의 명령을 어기고서 금지된 선악과를 따 먹는다. 둘이 받은 가혹한 처벌(천국에서 쫓겨나고, 고통스럽게 아이를 낳고, 먹고살기 위해 일하다가 결국 죽는 운명)은 하나님이 자신의 피조물이 특정 수준의 지식을 넘는 것을 달가워하지 않았음을 보여준다. 다행스럽게도 인류의 첫 여성은 이 한계를 인정하지 않고, 권위에 처음으로 도전하면서 앞으로 나아가기로 작정했다.

창조 신화들은 우리가 던질 수 있는 가장 어려운 질문, 즉 만물의 시작에 관한 질문에 초점을 맞춘다. 크레아치오 엑스 니힐로Creatio ex nihilo, 즉 무無로부터의 창조는 자연계를 초월하는 힘으로서만 가능하다. 타당한 말이다. 공간, 시간 및 물질 바깥에 존재하는 힘만이 공간, 시간 및 물질을 창조할 수 있기 때문이다. 그러므로 모든 지역들은 자연법칙을 초월하는 절대적인 힘의 존재를 가정함으로써 최초의 원인이라는 문제를 해결한다.

자생적 문화의 산물인 창조 신화는 곳곳마다 다르다. 엄청나게 다양한 창조 신화가 있는데도 불구하고 서로 비슷한 특징을 가지고 있으며, 모두 시간의 본질에 대한 두 관점에 따라 두 가지 주요 부류로 묶을 수 있다. 두 관점은 이렇다. 세계가 영원한가? 아니면 먼 과거의 어느 시점에 창조되었는가? 세계가 영원하다고 선언하는 신화들은 시간을 국소적인 특징이라고 여긴다. 다시 말해 인간과 동물한테는 중요하지만 우주 일반에는 중요하지 않다고 본다. 인도의 자이나교의 주장대로("세계는 창조되지 않았음을 알라. 시간 자체는 시작도 없고 끝도 없기 때문이다") 창조 사건도 없고, 우주는 불사조처럼 무한히 많은 창조와 파괴의 사이클을 겪을지 모른다. 힌두교에는 이런 말이 있다. "브라만의 밤에 자연은 비활성이며, 시바가 하고자 하기 전까지는 춤추지 못한다. 시바는 황홀경에서 깨어나서, 춤추며 깨어남의 소리 파동을 비활성의 물질을 통해 보낸다. 아하! 물질이 따라 춤추자 시바 주위를 도는 장엄한 원이 그려진다. 춤추면서 시바는 자신의 여러 현상들을 지속한다. 충만한 시간 속에서 여전히 춤추면서 시바는 모든 형태와 이름을 불로 파괴하고 새로운 휴식을 가져다준다." 힌두 신 시바는 춤을 추어 세계를 창조했다가 파괴하면서, 우주적 존재의 매 사이클마다 자신의 진동하는 리듬을 물질에 부여한다.[35]

특정한 창조 사건을 지닌 신화는 아주 흔하다. 성경이 친숙한 예다. 성경에는 우주의 탄생 그리고 곧이어 동물과 인간의 출현을 알리는 명확한 시작점이 있다. 아이슬란드의 문화적 신화는 에다Edda라는 것으로 통합되었다. 13세기 초반에 아이슬란드 학자 스노리 스튀를뤼손이 고대 노르드어로 적은 이 신화에는 초기 바이킹 영웅 전설의 여러 요소들이 담겨 있다. 아래는 일부 발췌 내용으로서 어떻게 신들이 생명을 탄생시켰는지 잘 드러난다.

존재하게 되는 첫 번째 세계는 무스펠Muspell이다. 빛과 열의 세계로서, 그 불꽃이 너무 뜨거운지라 그 땅에 토박이가 아닌 자들은 견딜 수 없다.

수르트Surt가 무스펠의 경계에 자리 잡고서, 불타는 검으로 그 땅을 지킨다. 세상이 끝날 때 그는 모든 신들을 무찌르고서 온 세상을 불로 태울 것이다.

---

35. 저서 『춤추는 우주: 창조 신화에서부터 빅뱅까지』*The Dancing Universe: From Creation Myths to the Big Bang*에서 나는 창조 신화와 그것의 현대 우주론 모형과의 관계를 더 자세히 다룬다.

무스펠 너머에는 긴눙가가프Ginnungagap라는, 입을 쩍
벌린 거대한 공허의 세계가 있다. 긴눙가가프 너머에
는 어둡고 차가운 니플하임Niflheim의 영역이 있다. 긴
눙가가프에서 얼음, 서리, 바람, 비 그리고 무거운 냉기
가 무스펠로부터 나온 열기, 빛 그리고 부드러운 공기
와 만난다.

열기와 냉기가 만나는 곳에서 물방울이 생겼고, 이 흐
르는 액체가 점점 커져서 거대한 서리 괴물 위미르
Ymir가 되었다. …

오딘, 빌리Vili 그리고 베Vé가 위미르를 죽였고, 위미르
의 몸에서 바다와 호수(피), 땅(피부), 나무(털), 산(뼈)
을 만들어냈다. 위미르의 살 속에 있던 구더기가 바뀌
어 사람이 되었다. 두개골(하늘), 구름(뇌).

에다에 따르면 우리는 모두 살해당한 서리 괴물 위미르
의 살을 먹었던 구더기의 자손들이다. 우리의 기원을 아주
매력적으로 묘사한 신화는 아니다.

자 그럼, 이 아이슬란드의 신화 이야기를 서기 3세기
쯤 쓰인 중국의 반고盤古 신화와 비교해 보자. 중국인에 따르
면 태초에 우주는 거대한 알이었다. 알이 깨지자 그 안에서
거인 반고가 나왔는데, 이때 두 가지 기본 요소인 음과 양도
함께 나왔다. 하지만 그건 시작일 뿐이었다.

세계는 반고가 죽기 전까지는 결코 완성되지 않았다.

오직 그의 죽음만이 우주를 완전하게 만들 수 있다. 그
의 두개골에서 둥근 하늘이 생겨났고, 살에서 들판의
흙이 생겨났다. 뼈에서 바위가 나왔으며 피에서 강과
바다가 나왔다. 털에서는 모든 초목이 나왔다. 숨이 바
람이 되었고 목소리가 천둥이 되었다. 오른쪽 눈이 달
이 되었고 왼쪽 눈이 해가 되었다. 침이나 땀으로부터
비가 나왔다. 그리고 그의 몸을 덮은 해충으로부터 인
간이 나왔다.

어떻게 그처럼 엄청나게 멀리 떨어져 있고 시간도 10
세기가 차이 나는 두 문화에서, 죽어가는 신이 변해서 세상
을 이룬다는 창조 이야기를 비슷하게 내놓을 수 있을까? 인
간의 기원이 벌레라는 것도 똑같다. 문화인류학자와 종교학
자는 비교 신화 연구에 전념하여, 여러 문화들의 신화에서
공통의 경향과 차이점을 알아낼 수 있다. 분명 시대가 흘러
가도 계속 등장하는 몇 가지 보편적인 창조의 상징들이 존
재하는데, 이를 융 학파는 **창조의 원형**archetypes of creation이라
고 부른다. 그러니, 인간의 뇌가 자신의 기원을 포함해 만
물의 기원이라는 개념을 궁리하는 방법은 사실 그리 많지
않다.

현대과학으로 넘어 오면, 우리는 잘못된 출발과 경이적
인 발견의 한 세기를 거친 후에 든든한 데이터와 관찰 증거
를 바탕으로 스스로의 창조 이야기를 구축해 냈다. 놀랍게
도 초기 우주에 대한 데이터를 얻기 전 약 50년 동안, 다양

한 우주론 모형이 신화에 나오는 것과 똑같은 창조의 원형 일부를 반복했다. 영원한 우주, 불사조 우주, 크레아치오 엑스 니힐로 우주 등이 그런 원형들이다. 지금 우리는 빅뱅 우주론을 바탕으로 한 통상적인 창조 이야기를 갖고 있다. 여기서 시간은(적어도 우리가 관찰 가능한 공간의 영역에 대해서는) 분명 어느 시점에서 시작됐다. 바로 약 138억 년 전이다.[36]

우리 우주 내에서 공간과 시간은 물질과 함께 출현했다. 그렇기에 '빅뱅 이전에 무슨 일이 있었는가?'라는 질문은 아예 말이 되지 않는다. 빅뱅이 시작이 맞는다면, 즉 또 다른 우주의 시작이 존재하는 게 아니라면 말이다. 물질이 훨씬 더 복잡한 배열로 발전해 가면서 시간은 흘러갔고 공간은 펼쳐졌다. 우리는 빅뱅 직후 아주 짧은 시간에 무슨 일이 생겼는지 확실히 알지 못한다. 비록 약 0.01초 이후로는 무슨 일이 있었는지는 자세히 알고 있지만 말이다. 그보다 훨씬 이전에 생긴 일을 추측할 수는 있지만, 여기서 그 내용은 간결한 설명을 위해 생략하겠다. 1초에서 3분 사이에 양성

---

36. 나는 동의하지 않는다는 뉘앙스로 쓴 글이다. 앞서 보았듯이 일부 모형들은 다중우주라는 우주들의 모음을 요구한다. 원리적으로 다중우주의 시간은 무한정이다. 시간은 한 아기 우주가 존재하게 될 때 재깍재깍 흐르기 시작하는 '국소적' 변수일 뿐이다. 내가 스티븐 알렉산더와 대학원생 샘 코맥과 함께 쓴 최근 논문 등에서 나온 다른 이론들에서는 불사조 우주의 부활을 요구한다. 여기서는 자연의 기본상수들이 각각의 우주 사이클에서 조금씩 달라진다. 각 사이클이 나름의 창조 이야기와 구체적인 시간을 갖지만, 전체적으로 볼 때 우리의 불사조 우주는 영원하며 창조되지 않는다.

자와 중성자가 결합하여, 가장 가벼운 화학원소인 수소, 헬륨, 리튬 및 이들의 몇몇 동위원소의 핵이 만들어졌다. 빅뱅이 있고 약 38만 년쯤 후에는 전자가 양성자와 결합하여 최초의 수소 원자가 생겼다. 이후 몇 억 년이 지나자 수소들의 구름이 붕괴하여 최초의 별이 만들어졌다. 이 거대한 별들은 (별의 기준으로) 잠시 살다가 내부물질을 뿜어내어 많은 무거운 화학원소들을 별들 사이의 우주 공간에 뿌렸다. 10억 년 후에는 수백만 개 심지어 수십억 개의 젊은 별들이 모여 최초의 은하가 생성되었다. 별이 태어나면서 딸린 식구로 행성들도 태어났고, 행성들은 마치 궤도의 중심에 있는 빛나는 아름다움을 찬양하듯이 별 주위를 돌았다.

빅뱅 후 약 40억 년이 지나고, 우리 은하가 작은 은하들의 결합을 통해 생겨났다. 이후 50억 년이 지나서 태양계가 우리 은하 중심부에서 3만 광년 떨어진 수소 구름이 붕괴하면서 생겨났다. 태양계에서 태양으로부터 세 번째로 가까운 행성에서 수억 년 동안 축적된 물질 잔해들에 의해 최초의 생명체가 꿈틀거리며 주위를 돌아다녔다. 앞으로 벌어진 위대한 모험을 까맣게 모른 채로. 30억 년 동안은 대단한 일이 없었다. 그렇긴 해도 중요한 기간이었는데, 왜냐하면 그 최초의 생명체들이 돌연변이를 거쳐 광합성을 하는 조류로 변했기 때문이다. 이 조류가 이산화탄소를 산소로 바꾸면서 에너지를 생산해 냈다. 이제 대기에 산소가 풍부해지고 단세포 생명체가 더 진화된 유전 물질을 뿜내게 되면서, 생명은 폭발적으로 증가했다. 이렇게 해서 출현한 엄청나게 다양한 생명체들이 바다와 땅과 하늘을 채웠다. 먹이와 생존을 위해 고군분투하는 살아 있는 실체들의 이런 불협화음으로부터 일부는 서서히 진화하여 2억 년쯤 전에 거대한 냉혈 파충류가 되었다. 이어서 약 6천 5백만 년 전에 거대한 운석이 하늘에서 떨어져 공룡이 멸종했고, 지구는 극적으로 달라졌다. 이 시련을 생명은 견뎌냈고, 생존자들 중에서 새로운 종류의 종들이 진화했다. 이 중에는 우리의 유인원 조상들이 될 종들도 있었다. 인간은 매우 근래에, 약 20만 년 전에 등장하여 다른 유인원들과 공간과 자원을 놓고 경쟁을 벌이게 되었다. 우리는 두꺼운 대뇌 전두피질 덕분에 번영했으며, 지금 우리가 알고 있는 문명이 출현했다. 그 후로는 우리가 익히 아는 이른바 역사다.

현대과학이 제시한 창조 이야기에서 얻는 근본적인 교훈은, 존재하는 모든 것이 근본적으로 통일되어 있다는 사실이다. 모든 것이 소위 빅뱅이라는 동일한 태초의 불공fire-ball에서 나왔다니 말이다. 모든 별, 행성, 달, 생명체가 똑같은 화학원소들, 즉 빈 공간을 채우는 똑같은 우주 먼지를 공유한다. 모든 생명체가 움직이는 별 먼지인 셈이다. 지금 이 행성에 사는 모든 생명체는 수십억 년 전에 존재했던 하나의 공통 조상에서 나왔다. 과학이 알아내기로, 과거에는 물질적 통일성이 존재했다. 존재하는 모든 것이 하나의 공통 기원을 가졌다는 의미다. 시간이 이 통일성을 갈라놓는 바람에 지금 우리 주변에 보이는 것과 같은 다양성이 펼쳐졌다. 만물이 단일한 기원을 가진다는 것을 아는 유일한 생명체인 우리는 생명의 다양성을 존중할 도덕적 의무가 있다. 도덕적 의무 이상으로 축하할 일이다. 모든 생명체는 저마다 우리 존재의 씨앗을 지니고 있으니 말이다.

우리가 먹는 음식과 우리가 잡는 송어에도 마찬가지다. 그런 성찰과 더불어, 공장식 축산업에서 동물을 잔인하게 취급하는 일과 공장식 축산 및 가금류 생산이 전 지구에 미치는 환경 영향을 생각하여 나는 오래 전부터 채식주의자로 살아왔다. 물론 우리는 먹어야 살고, 고기는 단백질의 주요 공급원이다. 하지만 식물성 단백질(소가 먹는 것)을 동물성 단백질(우리가 먹는 것)로 변환시키려고 소를 이용하는 행위는 효율적이지 않다. 수백만 에이커의 숲이 방목지를 얻으려는 명목으로 매년 베어지고 있다. 일반적인 농경지에 공급하던 관개용수를 따로 돌려서 소를 먹이기 위한 곡물 재배지에 물을 댄다. 전 세계적으로 소 사육에서 나오는 메탄가스가 지구온난화에 상당한 영향을 미친다.

◆　◆　◆

브라질과 미국은 세계 최대 고기 생산국이다. 상파울루에 본부를 둔 브라질 회사 JBS가 미국의 타이슨 푸드를 앞선다. 유엔식량농업기구에서 나온 수치를 바탕으로 '지구의 벗 유럽'이라는 환경 단체의 소장인 마그다 스토츠키에비치가 쓴 보고서에 따르면, "축산 분야 및 저렴하고 풍부한 고기에 대한 탐닉보다 우리의 음식 및 농업의 문제점을 더 잘 드러내는 것은 없다." 불편한 진실을 담은 이 보고서 「미트 아틀라스」는 인터넷에서 찾을 수 있다.

정말로 무시무시한 수치들이다. JBS 한 회사만의 일일 도축량은 새가 1천 2백만 마리, 소가 8만 5천 마리 그리고 돼지가 7만 마리이며, 전 세계 160개국에 팔린다. 동물들은 비좁은 공간에 **빽빽**하게 갇혀 지내며 잔인하게 취급되고, 야만적으로 죽임을 당한다. 이윤을 늘리기 위해 노동자들은 낮은 임금과 열악한 보상을 견디며, 작업 중에 큰 스트레스에 시달린다. 질병 예방을 위해 소한테 엄청난 양의 항생제를 먹인다. 미국에서 판매되는 모든 항생제의 5분의 4가 가축과 가금류에 사용된다. 이런 과도한 사용으로 인해 항생제에 내성이 있는 '슈퍼박테리아'가 생겨나서 인류 건강에 엄청난 위협을 가한다. 자연선택은 필연적으로 항생제에 내성을 갖는 돌연변이 박테리아를 초래한다. 2만 3천 명이 넘는 사람들이 매년 미국에서 항생제 내성을 가진 박테리아로 인한 감염으로 사망한다.

헛간에서 태어나는 귀여운 송아지에서부터 사람들이 슈퍼마켓에서 구입하는 깔끔하게 포장된 고기 사이에는 (대체로 알려지지 않거나 슬며시 외면당하는) 사건들의 긴 연쇄가 있다. 정말이지 고기는 맛이 좋고 사람들은 80억 마리를 몽땅 먹어야 직성이 풀릴 것이다. 하지만 우리는 명백한 현실을 얼마나 오래 외면해야 하는지 스스로에게 묻기 시작해야 한다. 우리의 육식 문화가 환경적으로 지속 가능하지 않으며 도덕적으로 혐오스러운지 물어야 한다. 우리는 구석기시대 조상들로부터 아주 멀리 왔다. 이제는 우리의 식생활이 문화 발전을 따라가야 할 때다.

이 주제를 꺼낼 때마다 나는 너무 비난조이거나 비판적이 되지 않으려고 애쓴다. 어쨌든 나도 오랫동안 고기를 먹었다. 비록 어릴 때 힘줄이며 지방 성분이 죄다 역겨워서 저항해 보긴 했지만 일찌감치 강요에 의해 육식 문화를 따를 수밖에 없었다. 지금도 브라질 아이들은 그렇다. 눈물도 참 많이 흘렸다. 고기 한 점을 씹고 또 씹어도 삼킬 수가 없어서, 나는 화장실에 가서는 오줌을 누는 척하면서 씹다 만 역겨운 회색 고기를 변기에 뱉었다. 어느 날 거리를 걷다 마주친 충격적인 장면이 지금도 생생히 기억난다. 정육점의 쇠갈고리에 거대한 고기 덩어리가 걸려 있었다. 고기에서 흘러나온 피가 파리가 우글대는 웅덩이로 떨어졌다. 그 장면을 떠올리면 지금도 온몸이 떨린다. 어떻게 사람들이 그걸 먹을 수 있을까? 하지만 우리는 고기를 먹었고 지금도 먹고 있으며 앞으로도 먹을 것이다. 비록 똑같이 영양가 있고 분명 더 건강에 좋고 인도적으로 생산된 다른 단백질 공급원이 있는데도.

채식주의를 비판하는 자들의 주장은 이렇다. 자연은 무자비하며, 인간은 먹이사슬의 꼭대기에 있기에 다른 종을 인간 마음대로 할 권리가 있다는 것이다. 포식자는 고기를 먹는 게 당연하다는 주장이다. 정글과 바다의 법칙은 강자의 법칙이며 피의 법칙이다. 맞는 말이긴 하다. 하지만 우리는 사자나 상어가 아니다. 세계 인구의 다수가 여전히 생존을 위해 고기에 의존하긴 하지만, 그러지 않아도 되는 사람들은 요즘 우리가 아는 진실을 감안하여 고기를 먹지 않아야 한다. 다행히도 우리와 자연계 포식자들의 차이는 더 분명해지고 있다. 더 많은 사람들이 지속 가능한 농업과 자유 방목, 무항생제 사료 사용 그리고 소, 돼지 및 가금류에 대한 더욱 인도적인 취급을 옹호하고 있기 때문이다("인도적인"이란 말은 흥미로운 형용사인데, 왜냐하면 인간인 것이 본질적으로 좋다는 뜻을 함축하고 있기 때문이다). 또한 해산물도 크나큰 문제가 될 수 있다. 축구장 크기의 상업용 어선들이 재빠르게 바다를 고갈시키고 있다. 하지만 어업 문제는 나중에, (플라이낚시도 포함해서) 취미 낚시가 해양 생물의 지속 가능성에 어떻게 영향을 미치는가라는 반갑지 않은 문제를 살피면서 다루겠다.[37]

지구의 소중함에 눈 뜨기

크루즈에서의 내 강연 주제는 지구온난화로 넘어갔다. 그 사안은 우리가 아이슬란드에 있는지라 더욱 그냥 넘기기 어려운 주제였다. 2015년 초반에 애리조나대학의 한 과학자 팀이 발표한 연구 결과에 의하면, 아이슬란드의 땅덩어리는

---

37.   더 광범위한 고찰을 원하는 독자는 다음 책을 읽기 바란다. Paul Greenberg's *Four Fish: The Future of the Last Wild Food* (Penguin Books, 2020)

매년 1.4인치(약 3.5센티미터)의 놀라운 속도로 커지고 있었다. 과학자들이 밝혀낸 이유는 빙하가 급격하게 녹고 있기 때문이었다. 그래서 땅에 가해지는 압력이 줄어들면서 땅이 위로 솟아오른다. 과학자들이 아이슬란드 전국의 60여 군데에서 모은 20년간의 GPS 데이터를 분석하여 내놓은 결과였다. 그 수치들은 놀라웠다. 아이슬란드는 매년 약 110억 톤의 얼음을 잃고 있는데, 얼음 질량이 줄수록 그 경향은 가속화되고 있다. 만약 그 과정이 현재의 속도대로 계속된다면, 2025년이면 이 나라는 매년 1.6인치(약 4센티미터)의 속도로 커지고, 이는 초등학교 1학년생이 자라는 평균 속도와 동일하다. 아이슬란드가 솟아오르면서 낮아진 압력 때문에 지하 깊숙이 있는 암석들이 녹게 되고, 이는 안 그래도 활발한 아이슬란드 화산들에 연료를 제공한다. 앞날이 희망적이지 않다.

지구온난화에 대해 생각할 때, 두 가지 핵심 질문을 살펴보아야 한다. 첫째, 지구의 평균 온도가 시간이 흐르면서 올라가는가? 둘째, 만약 그렇다면 온도 상승은 인간의 개입 때문에 생기는가 아니면 자연적인 원인 때문에 생기는가? 이에 관한 핵심 개념은 시시할 정도로 단순하다. 만약 지구로 들어오는 열보다 우주 밖으로 나가는 열이 많으면 지구는 더워진다. 반대로 밖으로 나가는 열이 들어오는 열보다 많으면 지구는 차가워진다. 지구온난화는 지구가 더워질 때 발생한다. 어려운 건 영향을 미칠 수 있는 잠재적인 원인을 모조리 고려하여 시간의 경과에 따른 이런 열 흐름의 세부

사항을 계산하는 일이다. 그게 바로 기후 연구가 하는 일이다. 기후 연구에서는 수학적 모형을 통해서 기후에 영향을 주는 모든 관련 요인들을 파악하여 그 결과를 미래에까지 연장하려고 시도한다. 장기 및 단기적으로 다음에 무슨 일이 생길지를 예측하기 위해서다.

비유하자면 대기는 지구를 둘러싼 일종의 얇은 담요라고 할 수 있다. 흥미로운 종류의 담요인데, 왜냐하면 이 담요는 어떤 종류의 복사선은 받아들이고 다른 종류의 복사선은 내보낼 수 있기 때문이다. 보통의 담요는 열을 가로막는 작용을 하여, 인체에서 발생하는 열을 피부 속에 가두어 둔다. 더 두꺼운 담요일수록 우리의 체열이 바깥으로 방출되기가 더 어렵다. 지구 대기의 경우에는 열의 대부분은 외부, 즉 태양에서 온다. 물론 자연방사선(저절로 붕괴되어 입자 형태로 에너지를 방출하는 원소)과 화산 활동과 같은 지구 내의 열원도 있긴 하다(일반적으로 둘을 함께 가리켜 '지열류geothermal heat flux'라 부른다). 하지만 천체에서 오는 복사선 공급원에 비하면 미미하다(0.03퍼센트 미만). 태양이 내놓은 복사 에너지의 대부분은 다음 세 가지 복사선이 혼합된 상태로 지구의 상층 대기로 들어온다. 가시광선(40퍼센트), 적외선(50퍼센트) 그리고 자외선(10퍼센트). 대기가 보호해 주는 덕분에, 자외선이 지표면에 3퍼센트가 도달하는 반면에 가시광선은 44퍼센트까지 도달한다. 결국 어떤 복사선은 흡수되고 어떤 복사선은 반사되고 또 어떤 복사선은 소모되는데, 일부는 쇠락한 형태, 대체로 적외선 형태로 우주 밖으로 되돌아간다. 지구는 고급 태양 복사선을 저급 적외선으로 바꾸는 엔진인 셈이다. 지구온난화는 대기 속의 특정 기체가 더 많은 복사선을 지님으로써 결과적으로 담요를 더 두껍게 만드는 바람에 생긴다. 이 복사선 중 일부는 반사되어 지표면으로 돌아오는 까닭에 온도가 상승하게 된다.

그 반대인 냉각 효과는 먼지 입자들이 대기에 떠다닐 때(에어로졸aerosols) 생긴다. 지구로 들어오는 햇빛의 일부를 먼지가 차단하는 바람에 온도가 내려간다. 그런 냉각 효과의 극적인 사례가 6천 5백만 년 전에 너비가 10킬로미터쯤인 소행성이 멕시코 유카탄반도를 강타했을 때 벌어졌다. 앞서 말했듯이 이 충돌은 공룡과 더불어 모든 생명의 약 50퍼센트를 멸종시킨 주요 원인으로 여겨진다. 그 충돌로 인해 엄청난 양의 먼지가 대기 속을 채우게 되어, 길고 어두운 겨울이 수십 년 동안 지속되었다. 이보다 덜 극적이긴 하지만 화산 분출도 충분한 먼지를 대기 속으로 뿜어내어 온도 변화를 야기하는데, 이 현상은 때때로 전 지구적인 영향을 낳기도 한다. 가령 1883년 인도네시아 크라카타우 화산이 엄청난 분화를 일으켜서 약 4년 동안 지구 기후에 영향을 미쳤다. 그래서 1887~88년 여름에 강력한 눈보라가 몰아쳤고 전 세계적으로 기록적인 양의 눈이 내렸다.

전 세계의 과학자들은 수십 년 동안 기후 변화 모형을 계산하고 있으며, 이를 위해 지표면을 덮고 있는 기상 관측소 및 저층 대기에서 모은 점점 더 정확해지는 데이터를 이용해 왔다. 그 결과들을 수백 명의 전문가들이 면밀하게 분석하고 논의하여 정기적으로 IPCC(기후변화에 관한 정부 간 협의체) 보고서에 게재한다. 여기서 현재 두 가지 주요 질문에 대한 답이 나와 있다. 첫째, 지난 150년 동안 평균적인 지구 온도가 서서히 상승하고 있음은 명백하다. 해마다 통상적인 변동이 있긴 하지만, 평균적인 상승 경향은 논란의 여지가 없다. 산업화가 20세기 초반에 시작된 이후로 5년마다 평균을 냈을 때 온도는 꾸준히 상승해 왔다. 더욱 당혹스럽게도 온도 증가는 1980년경에 부쩍 커지면서 감소할 기미를 전혀 보이지 않고 있다. 아주 소수의 과학자들과 정치적·개인적인 이해관계가 있는 자들만이 이런 경향에 의문을 던진다. IPCC 보고서의 세부사항이 바뀌지는 않았지만 어조는 적당한 선에서 강한 확신으로 바뀌었다. 지구가 더 더워지고 있음을 분명히 한 것이다. 특히 모든 오차를 고려하더라도 데이터를 보면 2005년, 2010년 및 2014년이 줄줄이 기록상 최고로 뜨거운 해들로 나타났다. 이런 사실을 무시한다는 것은 다가오는 기차 앞에 서서 눈을 감고 있어도 기차에 치이지 않기를 바라는 것과 마찬가지다.

두 번째 질문, 즉 인간 활동이 지구온난화의 주범인지 여부는 더 다루기 어렵고 확실히 더 논란의 여지가 많다. 질문의 답이 경제적·정치적 결정에 영향을 미치기 때문이다. 하지만 경제와 정치를 제쳐두면 그것은 일차적으로 과학적 질문이다. 온난화를 초래했을 수 있는 여러 상이한 원인들을 따로 떼어내서 그것들의 지역적 및 지구적 영향을 정량적으로 분석할 필요가 있다. 이번에도 과학자들은 온도 상승이 오염의 확산, 특히 산림 벌채와 화석연료 연소로 인한 오염과 관련이 있다는 데 거의 만장일치로 동의하고 있다. 대기의 반사율을 증가시키는(다시 말해 담요를 두껍게 만드는) 이른바 온실가스의 축적이 온도 상승의 원인인데, 이런 온실가스에는 이산화탄소, 수증기, 메탄, 산화질소 및 오존 등이 있다. 만약 이런 가스들이 대기에 전혀 없다면 지구는 섭씨 15도나 더 차가워질 것이다. 다른 한편으로 그런 가스들이 너무 많으면 과도하게 뜨거워진다.

산업혁명이 시작된 이래로 대기 속의 이산화탄소의 양은 289ppm에서부터 2014년 398ppm이라는 놀라운 수치(하와이의 마우나로아 천문대에서 수집한 데이터)까지 증가했다. 기후 모형들에 따르면, 이산화탄소 농도가 산업혁명 초기 수준의 두 배가 되는 시점이면 지구 온도는 섭씨 2도 내지 5도까지 상승할지 모른다. 기후 모형의 통계적 속성 때문에 그런 일이 언제 생길지 정확한 날짜를 예측하긴 어렵다. 하지만 모든 모형이 하나같이, 앞으로 몇 년 내에 탄소 배출량이 극적으로 줄지 않는다면 이번 세기가 끝나기 전에 온도가 그만큼 상승하리라 전망한다. 비록 구체적인 지역적 사건들을 콕 집어내긴 어렵지만, 분명 그런 방향으로의 변화는 이미 진행 중이다(가령 특정한 달에 미국 중서부에서 토네이도가 더 자주 발생한 것과 지구온난화가 직접 관련이 있다고 확실하게 말할 수는 없다. 비록 기후 불안정성은 분명히 지구온난화의 결과인데도 말이다. 사실 토네이도 발생 건수가 60년 전보다 적긴 하지만, 토네이도 집단 발생 건수—짧은 기간 동안의 연속적인 토네이도 발생 건수 ― 는 증가하고 있다).

현대 천문학 그리고 지난 몇 십 년 동안의 기후 변화 모형화 작업을 통해 드러난 발견을 종합해 보면, 우리는 피할 수 없는 결론에 이른다. 지구는 유한한 자원을 가진 희귀하고 유한한 행성이다. 우리는 지구에서 진화했으며, 우리의 생존은 지구의 장기적인 안정성에 달려 있다. 80억 남짓의 사람들한테 음식과 주택이 필요하기에 우리는 고향 행성과 더 지속 가능한 관계를 일구어나가야 한다. 지구는 예측 가능한 미래까지 우리를 부양해 줄 수 있는 유일한 행성이다.

기후 변화와 행성 차원의 지속 가능성을 인식하게 되면, 우리는 두 가지 중대한 도전과제에 직면한다. 첫째, 변화는 점진적으로, 즉 대다수 사람들이 경각심을 갖기에는 너무 서서히 일어난다. 둘째, 현상을 유지하려는 엄청난 정치적·경제적 압력이 존재한다. 중대한 사회적 불안과 전 지구적 격변이라는 암울한 시나리오를 제시하는 경고의 목소리는 사람들의 마음을 그다지 크게 바꾸지 못한다. 현실적인 변화, 즉 마음가짐의 변화는 신재생 에너지원에 기반을 둔 신기술이 경제적으로 경쟁력 있거나 심지어 더 나아가 매력적인 것이 될 때라야 일어날 것이다. 구체적으로 말해서 태양열, 풍력 및 바이오연료의 조합이 석탄, 가스 및 석유보다 값싼 전기를 생산할 때라야 가능하다. 이러한 기술적 도전과제는 앞으로 20~30년 내에는 달성될 수 있다. 한 세대의 가치는 그 세대가 지닌 유산에 의해 측정된다. 바라건대 우리 아이들을 위해서라도 내 세대의 유산이 더 나은 행성이 되기를. 정신적으로 더 성숙한 인간들의 행성이 되기를.

사원

강연이 끝났다. 마침내 레이캬비크로 돌아가서 아내와 아들을 미국으로 보내고 플라이낚시 모험을 시작할 때였다. 아주 유능한 하랄뒤르 에릭슨 씨와 함께 나는 레이캬비크 낚시 협회를 통해 모든 준비를 해둔 터였다. 가이드인 아리 씨가 아퀴레이리 공항에서 나를 기다리고 있다가 락사강 플라이낚시꾼을 위한 작은 여관인 '호프'로 곧장 데려다주기로 했다. 이 지역에서 다른 종류의 낚시는 이단에 가깝다. 나는 브라운송어가 살기엔 세계 최고의 강으로 꼽히는 락사강에서 꼬박 이틀을 보냈다. 그 강의 발원지인 미바튼 호수는 장관을 뽐내는 새들의 안식처로서 다량의 먹이를 하류로 흘려보낸다. 그 결과 살찐 브라운송어가 강에 많이 사는데, 이 송어들은 무게가 평균 2.2킬로그램쯤이며 일부 큰 녀석들은 5킬로그램 이상 나가기도 한다. 내가 이전에 했던 송어 낚시와는 차원이 다른 수준이다.

공항에서 자동차를 몰고 숙소로 가는 도중에 아리 씨는 낚시가 오전 여덟 시부터 오후 두 시까지, 그리고 오후 네 시부터 오후 열 시까지라고 설명했다. 플라이낚시를 열두 시간 동안 하는 셈인데, 플라이낚시에 단단히 중독된 사람에게조차도 긴 시간이다. 7월에 락사강에서 하는 플라이낚시의 멋진 점은 드라이 플라이dry fly. 수면에 떠 있는 플라이로 큼직한 송어를 낚는다는 것이다. 다른 어떤 플라이낚시도 크고 거친 송어를 드라이 플라이로 잡는 것과는 비교가 안 된다. 내 운을 시험해 보고 싶어서 안달이 나면서도, 한편으로는 목적지에 가까워질수록 이상하게 불편한 마음이 스멀스멀 생겨나기 시작했다.

아쿠레이리에서 약 1백 킬로미터 떨어진 숙소는 매우 단순했다. 작은 침실과 작은 화장실, 공용 샤워실 그리고 주방이 있었다. 안락한 숙소와는 거리가 멀었지만 채식생활을 조금 시도해 보려는 사람한테는 훌륭한 음식을 제공했다. 근처 농장에서 온 감자와 채소는 그야말로 꿀맛이었다.

우리는 늦은 오후에 도착했다. 나는 짬을 내서 주위를 둘러보며 어떤 곳인지 알아보았다. 예상보다 쌀쌀한 편이어서 옷을 몇 겹 껴입어야 했다. 락사강의 검푸른 물이 끝없는 웅덩이와 작은 폭포들로 흘러들고 있었다. 어느 지점에선 폭이 넓고 어디에선 좁은 락사강의 많은 지류들이 온갖 다종다양한 풍경을 연출했다. 강이라기보다는 물줄기의 모음 같았다. 아주 넓은 평원에서 물줄기들이 어지럽게 분기하면서 구불구불 흘렀다. 멀리서 아이슬란드 특유의 흰색 농장들이 보였다. 지붕이 빨간색인 농장들 주위에는 눈 덮인 장엄한 산꼭대기들이 둘러서 있었다. 도처에 널린 이끼와 화려한 지의류가 오래된 용암 벌판을 장식하고 있어서, 시간의 고적함과 험한 날씨가 그나마 가볍게 느껴졌다. 강둑은 접근하기가 쉬웠다. 물가를 따라 나 있는 식물들의 키가 작앉기 때문이다. 뉴잉글랜드의 늠름한 나무들과 덤불에 비하면 반갑기 그지없었다. 금세 깨달은 바로, 가이드가 없이는 그곳에서 강을 탐험하려면 어디로 가야 할지 허둥대다가 1년이 넘게 걸릴 판이었다. 물 안에서 걷기도 만만찮았는데, 물살이 장소마다 다르고 때로는 갑자기 거세지기 때문이다. 송어 몇 마리가 하루살이 떼를 쫓아 솟구쳐 올랐다. 연어에 가까울 정도로 엄청난 크기였다. 기대하는 마음과 피곤함이 뒤섞여 심장 박동이 빨라졌다.

나는 주변을 온전히 내 안으로 받아들일 수 있는 자리를 찾아 앉았다. 다트머스그린에서 강사의 영리한 가르침에 따라 낚싯대를 공중에 처음 휘두르던 때로부터 7년이라는 오랜 시간이 흘렀다. 영화 속에서 플라이낚시를 하는 브래드 피트의 모습에 처음 꽂힌 후부터 지금 락사강의 가장자리에 앉아 있기까지, 나는 그 스포츠를 한껏 껴안아 내 것으로 만들었다. 플라이낚시의 예술적인 기술들을 배우려고 최대한 애쓰면서 말이다. 나는 제러미 씨나 루카 카스텔라니 씨처럼 고수는 아니었지만, 그럴 뜻도 없었다. 나는 그들한테서 많이 배웠고 덕분에 성장했다. 낚시꾼으로서 성장했을 뿐만 아니라 자연과 더 가까운 존재가 되었는데, 나로선 언제나 그게 주된 동기였다. 나는 결코 물고기를 잡으려고 낚시하지 않았다. 만약 용케 잡으면, 물고기의 아름다움에 감탄을 표한 후에 재빨리 물속 세계로 되돌려준다. 사실 허공에서 버둥거리며 놀란 눈으로 나를 바라보는 물고기를 바라볼 때면 늘 일말의 죄책감을 느꼈다. 우아한 플라이낚시에도 폭력은 존재한다. 자연 속에 있는 물고기를 강제로 끄집어내기 때문이다.

열한 살 소년이었을 때부터 내게 낚시는 존재의 영적인 차원으로 들어가는 입구였으며, 시간의 구속을 초월하는 방법이었다. 낚싯대를 흔들고 물살 속으로 걸어 들어가서 낚싯줄이 떠 있는 모습을 바라보면, 감각은 예리해지고 두 눈은 시시각각으로 바뀌는 온갖 것에 집중했다. 낚시는 늘 나 자신을 넘어선 차원과의 관계를 확립하려는 시도였다. 내게 낚시는 명상의 한 형태이자 자아를 내려놓는 방법이며, 가장 충만해 있는 존재의 비움 상태에 접근하는 길이다. 무위의 길. 전율과 함께 나는 깨닫는다. 행위의 최종 결과인 물고기 잡기가 나를 방해하고 있음을. 짜릿한 입질, 낚싯대의 휘어짐, 획획 움직이는 낚싯줄, 아드레날린의 솟구침 등은 나를 현재로, 현실 속의 순간순간으로 돌아오라는 신호였다. 역설적이게도 막상 물고기를 잡고 나면 나의 낚시 경험, 시간을 벗어난 상태를 찾는 일은 망가진다.

아리 씨가 숙소에서 전화를 걸어왔다. 함께 저녁식사를 하자는 내용이었다. 그런 깨우침을 뼛속 깊이 새기면서 천천히 숙소로 발걸음을 옮겼다. 그걸 누구와도, 숙소에 있는 다른 낚시꾼들과도 결코 나눌 수 없었다. 그랬다가는 나를 미쳤거나 완전히 바보라고 여길 것이다. 그들 중 일부는 완벽한 아이슬란드 방식으로 자쿠지Jacuzzi. 거품 목욕 욕조에 앉아 와인과 청어를 먹고 있었다. 그들 중에 귄나르 에글리손 씨가 있었다. 북극의 빙원 위를 제일 빨리 달리는 것으로 세계 기록을 세우려고 괴물 트럭을 만든 사람이다. 든든한 체격을 가진 그의 아내는 사십 대 후반의 금발 여인이다. 내가 조금 얼빠진 채로 두리번거리는 모습을 보고서 그녀가 말했다.

"편하게 이리 오세요! 우리가 생긴 건 좀 무서워도 사람을 해치진 않아요." 그녀가 말했다. 귄나르 씨가 맞는 말이라는 듯 빙긋 웃었다.

나는 욕조용 옷으로 갈아입고서 그 안에 들어갔다. 아주 어색한 느낌이었다.

"그런데 여기서 뭐하세요? 경찰한테 쫓기는 신세?" 다들 웃음을 터뜨렸다. 분명 그녀는 무슨 말이든 거리낌 없이 하는 편이었다.

"저기요, 우리랑 함께 와인 좀 마셔요. 끔찍해요, 칠레산이거든요. 만약 아르헨티나산이라면, 드릴 게 남아 있지 않겠지만요!"

라벨을 보니 아주 근사한 카르미네르Carménère. 원산지는 프랑스이지만 현재 칠레에서 가장 많이 생산되는 포도 품종 와인이었다. 정말 감사하다고 말한 다음에 자리에 앉았다. 지구 반대편에서 온 와인을 홀짝이면서 낯선 언어 중에서도 가장 낯선 언어를 들으며, 군데군데 낯익은 단어나 공통적인 어근의 단어를 찾아내 보려고 헛되이 애쓰면서 말이다. 셰프가 바깥으로 걸어 나가더니 큰 소리로 외쳤다.

"10분 후에 식사입니다. 서두르지 않으면 못 먹어요."

주방에 갔더니 아리 씨가 자기는 집에 가야 한다며 쪽

지를 남겨두었다. 밤 10시 45분쯤이었는데, 여기서는 통상적인 저녁식사 시간이었다. 그때쯤 어부들이 강에서 돌아오고 해가 서서히 원호를 그리며 지평선 아래로 가라앉기 시작했다.

"혼자 앉아서 뭐 하세요? 우리랑 함께 먹어요!" 귄나르 씨의 아내 에다 씨가 직설적으로 말했다. 그녀는 내 포크와 나이프를 쥐더니 아이슬란드인들이 모여 있는 식탁 자리에 올려놓았다. 보통내기가 아니었다.

"그런데 낚시는 어땠어요?" 그녀가 물었다. 내일부터 시작할 거라고 대답했다. "아주 좋을 거예요!" 송어가 매년 7월 중순 무렵에 온다고 그녀는 말해주었다. 귄나르 씨는 내가 무슨 일을 하는 사람인지 그리고 어느 나라 사람인지 물었다. 브라질 태생의 이론물리학자가 미국에서 일한다고 했더니 다들 재미있어했다. 그녀가 내 접시를 보고서 머리를 흔들었다. "그래서 고기를 안 드시는 거네요. 맞죠? 소신이 있으셔서."

"소신에 아주 철저하죠." 내가 대답했다.

"남편이 쉰 살 생일이라, 손님 250명이 왔어요. 우리 모두 직접 죽인 생선과 고기를 먹었지요!" 귄나르 씨가 이번에도 맞는 말이라는 듯 빙긋 웃었다. "그럼, 잡은 물고기는 드시나요?" 그녀가 다시 물었다.

"아뇨, 돌려보내요."

"그럼 낚시를 왜 하나요?"

"글쎄, 저는……."

"남편의 쉰 살 생일 기념으로 저랑 남편은 알래스카에 가요! 거기서 연어를 낚고 곰을 사냥하고 싶어요!" 나는 에다 씨가 바이킹 투구를 쓰고 한 손에 검을 쥐고서 다른 손으로 곰의 머리를 자르는 모습을 떠올렸다. 미소를 지으며 가만히 생각해 보았다. 무슨 까닭에 사람들이 죄 없는 동물들을 의기양양하게 살해하게 되었는지를. 무슨 권리로 우리는 선량하고 심지어 감탄스럽기도 한 생명체를 죽일까? 생존을 위해서가 아니라면, 다른 살아 있는 존재의 운명을 결정할 도덕적 권리를 주장할 이유가 무엇일까?

방으로 돌아온 나는 다음 날을 위해 장비를 꾸리고 나서 잠을 청했다. 잠이 안 와서 창을 열었더니 입이 떡 벌어졌다. 하늘이 불타고 있었다. 지평선 바로 아래의 태양이 넓게 퍼진 구름의 바다를 빛내고 있었다. 여태껏 본 것 중에서 가장 경이로운 석양이었다. 특히 그런 장관이 한 시간 넘게 지속되어서 더욱 감동적이었다. 그 위도에서 7월에는 밤이 없는 셈이어서, 나는 창에 가림막을 치고서 애써 잠을 청해야 했다. 어쨌거나, 내일 천국에서의 플라이낚시가 나를 기다리고 있었다.

아침에는 맛있는 아이슬란드 스키르(skyr. 위에 그래놀라와 꿀을 올린 진한 요구르트)와 진한 커피로 행복하게 속을 채웠다. 바깥은 예상보다 추웠기에 그날의 모험을 위해 짐을 다시 꾸렸다. 아리 씨가 약속대로 여덟 시 정각에 나를 기다리고 있었고, 우리는 재빨리 강으로 떠났다. 15분을 걸어가자 폭이 30미터 남짓 되는 좁은 지류에 다다랐다. 물살은 느리고 일정했고, 물이 깊고 짙어 보였다. 낚시 지점(그쪽 사람들 말로는 "구역beat")들마다 각자 이름이 붙어 있었지만, 몇 시간 지나자 그 이름들은 머릿속에서 흐릿해졌다. 우리가 들어간 지점은 도로에서 그리 멀지 않았지만 물소리 때문에 자동차 소리는 들리지 않았다. 아리 씨가 내 8웨이트짜리 낚싯대에 검은 각다귀 모양의 플라이를 달아주고서, 상류로 캐스팅한 다음에 플라이가 내 쪽으로 흘러내려 오게 두라고 일러주며 말했다. "이건 영국식이에요." 곧바로 낚싯대가 절반으로 휘어졌고, 40센티미터 남짓의 브라운송어가 자유를 찾으려고 버둥거렸다. 익히 배운 대로 나는 억지로 당기지 않고서 물고기가 이리저리 돌아다니게 놔두었다. 플라이 라인을 팽팽하게, 그리고 낚싯대를 계속 위쪽으로 향하게 둔 채로. 물고기가 잠깐 쉴 때마다 나는 아주 살며시 조금씩 앞으로 당겼다. 어제 깨우친 점을 온전히 실천하려고, 나는 막무가내로 낚아 올리려 하지 않고 물고기가 턱을 당기는 힘을 최소화시키려고 무척 애썼다. 온정적인 낚시란 게 가능할까? 그런 생각이 터무니없게 여겨져 혼자 웃음이 났다. 5분쯤 밀고 당긴 후 멋들어진 아이슬란드 송어를 처음 낚는 데 성공했다. 황금빛이 도는 갈색 몸통을 따라 짙은 갈색 반점들이 나 있는 녀석이었다. 송어가 왜 연어과에 속하는지 분명히 알 수 있었다. 반점을 빼면 충분히 연어라고 여길 만했다. 적어도 너무 꼼꼼하게 따지는 사람이 아니라면 말이다.

한 장소에서 두 시간을 낚시했더니 송어를 네 마리 잡

았다. 크기가 38센티미터에서 56센티미터 사이였는데, 일부는 내가 이제껏 보았거나 존재하리라고 여겼던 것 중에서 가장 컸다. 아리 씨가 잔뜩 흥분한 나를 다른 장소로 데려갔다. 물살이 느리고 넓은 구역이었는데, 그는 여기에 "공룡"이 산다고 장담했다. 6킬로그램 남짓의 거대한 송어를 뜻했다. 거기에 간 지 몇 분이 지나서 나는 등지느러미가 오르락내리락하는 모습을 보았는데, 물고기들이 작은 날도래 플라이를 쫓아서 육중한 몸들을 이끌고 다가오자 물이 첨벙거렸다. 나는 온갖 방향으로 캐스팅을 하고 또 했다. 물살과 같은 방향으로도 했다가 반대 방향으로도 했고, 온갖 다양한 각도로 캐스팅을 해보았지만 아무런 소득이 없었다. 플라이 종류도 바꿔 보고 크기도 바꿔 봤지만 여전히 소용이 없었다. 지느러미들이 계속 떠다녔는데, 아찔할 정도로 플라이에 가까이 다가왔는데도 우리의 시도에 콧방귀도 안 뀌었다. 마실 다니기에 통달한 그 늙은 물고기들은 지혜로워서 인간의 술책을 꿰뚫어봤다. 잔재주에 속아 넘어갈 리가 없었다.

낚시를 중단한 다음 점심도 먹고 꼭 필요한 휴식도 취했다. 오후에도 여섯 시간이나 낚시를 하면서 강의 이곳저곳을 탐험했다. 아리 씨는 조용한 가이드여서 기본적으로 자기가 아는 지점으로 날 데려간 다음에 멀리서 손에 카메라를 든 채 지켜보기만 했다. 가끔씩 캐스팅의 방향과 방법만 조언해 주었다. 그곳 물길에 조예가 깊은지라 적재적소에 온갖 플라이를 두루 이용했다. 바람은 잔잔했고 날씨는 차분했다. 기상 조건이 완벽했다. 이후 몇 시간 동안 우리는 평원을 구불구불 흐르는 강을 따라 이동하며, 여러 지점에서 물에 들어갔다. 잡은 물고기의 크기와 마리 수 모두 내가 이제껏 했던 낚시 중 최고였다. 낚시를 마쳤을 때 나는 충족감과 조금의 안도감을 느꼈다. 물고기 잡기는 나를 짓누르고 있었다. 이것을 헤라클레이토스도 오래전에 알았다. 그는 영혼의 한계를 알아내기는 불가능하며 그 의미의 깊이도 마찬가지라고 선언했다. 때때로 우리는 어떤 일을 추구하러 나섰다가 도중에 목표가 달라졌음을 알게 된다. 하지만 나는 여전히 락사에서 하루를 더 보내야 했고, 그날 역시 첫날만큼이나 좋을 것으로 보였다.

저녁 식사에서 에다 씨는 내 모험담을 흥미진진하게 들었다. 내가 될 대로 되라는 마음으로 고기 라자냐를 먹는 걸 보고선 이렇게 말했다.

"이제 고기를 먹네요. 그렇죠?"

"네. 단백질이 필요해서요." 나는 대답했다. 부끄럽기도 하고 내 자신이 썩 마음에 들지도 않았다. 그날 이후 나는 여행할 때 늘 견과류와 단백질 바를 챙겨야 한다는 걸 배웠다. 에다 씨가 빙긋 웃으며 말했다.

"이제 진정한 사람이 되었네요!" 그녀가 의기양양하게 말했다. 실내가 온통 웃음바다가 되었다. 심지어 셜록 홈스 모자를 쓰고 파이프 담배를 피우는, 아주 말수가 적은 신사이자 "강 위원회"의 회원이며 전설적이고 유명한 플라이낚시꾼인 토로뒤르 E. 씨조차 폭소 잔치에 가세했다. "내년에는 우리랑 곰 고기를 함께 드시겠군요!"

나는 깊은 잠 속으로 곯아떨어졌다. 마지막인 다음 날을 준비하기 위해서였다. 아리 씨는 강의 다른 부분으로 나를 데려갔는데, 거기서는 일련의 저지대 폭포들이 물에 산소를 공급해 주는 덕분에 영양분을 하류로 흘려보냈다. 플라이낚시를 하기로는 더 없이 완벽했다. 강둑을 따라 교대로 얕은 웅덩이와 깊은 웅덩이가 나타나는 천혜의 장소였다. 물로 들어가는 입구에 접근하는 것도 쉬웠고, 잘 미끄러지지 않는 장화만 신는다면 건너기도 그다지 어렵지 않았다. 특히 요즘엔 장화에 고무 스파이크가 있어서 무척 좋았다. 환상적인 날이었다. 바람 없이 살짝 흐리면서 적어도 아이슬란드 치고는 꽤 더웠다. 만사가 태고의 리듬을 따라 진행되는 것 같았다. 흘러가는 물이며, 내 캐스팅이며, 돌 위에 균형을 잡고서 반쯤 잠겨 있는 몸이며, 낚싯줄의 상태 등 모든 것이 조화로웠다. 오랜 세월 동안 나를 안내한 강사들과 가이드들, 즉 자연과 플라이낚시 예술과 사랑에 빠진 신사들의 목소리가 내게 들려왔다. 그들한테도 낚시는 다른 차원으로 들어가는 입구이자 자신의 숨겨진 영역으로 향하는 창문이었다.

몇 시간이 1분인 양 지나갔다. 시간이 더 이상 작동하지 않는 것 같았다. 야생 송어가 다가와 인사를 건넸다. 주위 환경과 완벽한 조화 속에 있으니 송어는 정말로 경이로운 생명체였다. 윌리엄 블레이크의 시가 생각났다.

호랑이여! 호랑이여! 밤의 숲에서
빛나게 불타고 있는 호랑이여!
어떤 불멸의 손이나 눈이
그대의 무시무시한 대칭을 만들 수 있었는가?

내가 송어를 잡을 때마다 불완전한 대칭을 칭송하면서
서둘러 풀어주려 할 때, 송어의 강한 황금색 몸은 가라앉는
햇빛을 반사하고 있었다. 어느 송어든 신성하게 느껴졌다.
우아한 디자인, 수백만 년간 진화한 산물, 생명의 게임에서
일어난 시행착오들 모두가 신성했다. 만약 우리가 송어들처
럼 자연스럽게 환경과 가까이 살 수만 있다면, 우리는 이 행
성에 거주하면서 그 자원을 다루는 방식을 재정의하게 될
것이다. 그들처럼 꼭 필요한 것 이상을 얻지 않고 수중 세계
의 리듬을 존중하며 늘 에너지를 보존하고 산다면 말이다.
우리가 듣고자 한다면, 송어는 우리에게 많은 걸 가르쳐줄
수 있다.

아리 씨에게 말했다. 마지막 한 시간은 숙소에서 가까
운 곳에서 혼자 낚시하면서 보내고 싶다고. 흔쾌히 그러라
면서, 그는 내가 시도한 첫 지점에서 사용했던 여러 종류의
플라이 몇 개를 건네주었다. 나는 어디에 가야 할지 알고서
물에 들어갔다. 송어는 짐작했던 곳에 있었다. 송어를 찾기
가장 알맞은 그 장소는 물살이 바위 뒤에서 갈라지면서 두
분기점 중 한 곳에서 느려진다. 헤엄칠 필요도 없는 곳인 데
다 먹이가 송어들의 흥분한 입 속으로 곧바로 흘러들어가는

곳이었다. 나는 상류로 캐스팅한 후에 드라이 플라이를 물살 방향으로 흘러가게 놔두었다. 뜻밖의 것의 단순한 아름다움을 기대하면서. 어느 낚시꾼도 물고기가 언제 물지, 아니 물기나 할지 알 수 없다. 입질은 언제나 그렇듯 갑작스레 찾아온다. 그렇기에 낚싯대가 휘어지면서 손 가득 플라이라인의 압력을 느낄 때 아드레날린이 샘솟는다.

내가 작지만 아름다운 송어를 끌어올렸을 때, 소년이 물에 둥실 뜬 채로 나타났다. 그는 조용히 미소를 지었다. 내가 뭘 느끼고 있는지, 그리고 행복해하면서도 갈등을 겪고 있음을 아는 눈빛이었다. 내가 소년에게 물고기를 보여주었다. 소년이 40년도 더 전에 코파카바나 해변에서 커다란 물고기를 잡았을 때처럼 의기양양하게.

"어서, 물로 돌려보내요." 소년이 말했다. 그렇게 하자 소년의 따스함을 내 근처에서, 내 곁에서, 내 안에서 느낄 수 있었다.

그날 밤 나는 혼자 저녁을 먹었다. 귄나르 씨와 에다 씨는 가고 없었고 그 장소는 휑했다. 자러 가기 전에 나는 한 번 더 밖으로 나가서, 강물의 소리를 듣고 해가 언덕 아래로 숨는 모습을 보았다. 내 생각은 당면한 관심사, 그러니까 취미 낚시가 얼마나 지속 가능한가라는 주제로 흘러들었다. 락사강과 같은 지구상의 특별한 장소들은 제쳐두고, 어느 토종 송어 개체군도 전혀 해를 입지 않고 살아갈 수는 없다. 미국에서는 약 3천 8백만 명이 매년 낚시 면허를 따고, 그중 8백만 명이 송어와 연어를 잡는다.[38] 이 낚시 산업을 지탱하기 위해 연방 및 주의 야생동물 대행사들이 전국의 강과 호수에 1억 3천만 마리의 송어를 "채워 넣는다." 여러 연구 결과에 의하면, 이렇게 채워진 물고기의 생존율은 30 퍼센트 미만이다. 더군다나 매년 부화장을 통해 생산된 2천 8백만 파운드의 송어에게 먹이를 공급하는 데에 약 3천 4백만 파운드의 먹이가 필요한데, 이 먹이는 대체로 이미 해양 어업 자원이 고갈된 곳에서 수확한 청어, 멘헤이든menhaden. 청어의 일종 및 안초비로 만든 사료다. 부화장에서 나오는 쓰레기는 보통 하수처리를 거치지 않은 채 근처 하천에 버려진다. 낚시 수요에 맞추기 위해 외래종까지 도입한 바람에, 예술적인 스포츠가 또 하나의 환경 파괴로 변질되고 말았다.

◆ ◆ ◆

내면에서 무언가가 달라졌다. 물고기 범죄에 연루된 느낌, 똑같은 지구에 함께 사는 이웃 생명체로서의 부끄러움이 찾아왔다. 사람이든 동물이든 우리 모두는 생존을 위해 애쓴다. 자연은 친절함이 무언지 모른다. 하지만 우리 인간은 알며 또한 알아야 한다. 우리 자신을 호모사피엔스를 부르는데, 글자 그대로 하면 "지혜로운 사람"이란 뜻이다. 오락과 재미와 트로피와 으스댈 권리를 위해 사자와 코끼리를

---

38. 독자께선 다음 책을 참고할 수 있다. Douglas M. Thompson's *The Quest for the Golden Trout: Environmental Loss and America's Iconic Fish* (UPNE, 2013)

사살하고 상어를 죽이는 게 어떻게 지혜로울 수 있는가? 어떤 도덕이 방아쇠를 당기거나 물고기를 물 밖으로 잡아당기는 손가락을 부추기는가? 무고한 생명을 빼앗지 않고서도 성취감을 느낄 방법은 많다. 우리는 자연을 망가뜨리지 않고도 자연에 가까워질 수 있다.

이걸 나도 알았지만, 잡았다가 풀어주는 게 물고기와 자연에 더 친절하고 좋은 절충안이라고 늘 생각했다. 하지만 그렇지 않다. 만약 잡았다가 놓아주기를 통해 하천의 지역 송어 개체군이 유지되었다면, 채워 넣을 필요도 없었을 테다. 물고기를 기르고 채워 넣는 데 막대한 자원이 드는 현실을 볼 때, 우리가 사랑하는 강과 우리와의 관계는 본질적으로 어긋나 있다.

방으로 돌아가려고 일어섰을 때 크게 물이 튀는 소리가 들렸다. 아마 큼직한 송어가 하루살이를 잡으려고 뛰어오르는 소리였으리라. 밤낚시에 관해 루카 씨가 했던 말이 떠올랐다. 밤낚시야말로 오로지 직감만이 작동하는 낚시의 가장 순수한 형태라고. 사실, 강과 강물 소리와 송어와 하나가 되기만 하면 된다. 그 순간에 나는 손에 낚싯대를 잡지 않고서도 그럴 수 있음을 깨달았다. 알고 보니 사원은 이 세계 자체였다.

이 책은 판에 박힌 플라이낚시 책이 아니다. 사실 낚시에 관한 내용들이 전체를 관통하긴 하지만 낚시에 관한 책도 딱히 아니다. 본질적으로 이 책의 주제는, 철학자들이 말하는 존재Being와 생성Becoming이라는 두 가지 앎의 방식을 통합하는 것이다. 명민한 독자라면 확연한 예외(허먼 멜빌의 말)를 제외하고는 모든 명언이 헤라클레이토스의 『단편』에 나오는 것임을 알아차렸으리라. 헤라클레이토스는 기원전 5백 년경 그리스 에페소스에 살았던, 소크라테스 이전 시대의 그리스 철학자로서 논란의 여지가 있는 인물이다. 그의 가르침에 의하면 이 세계 및 그 안의 모든 사물과 생명은 언제나 변하는 상태에 있다. 헤라클레이토스는 비영원성, 즉 생성의 시인이었다. 누구도 똑같은 강에 두 번 들어갈 수 없는데, 왜냐하면 강도 사람도 다음번에는 이전과 똑같지 않기 때문이다. 어느 것도 가만히 머무르지 않는다. 시간이 흐르고 우리는 늙고 산이 부스러져 모래가 되고 별이 태어나서 결국에는 죽고 우주가 팽창한다. 존재한다는 것은 역사에 끼워 넣어진다는 뜻이다.

　한편 존재는 영원성, 즉 불변의 상태다. 또 한 명의 소크라테스 이전 시대 철학자 파르메니데스는 이렇게 말했다. 만약 우리가 참된 진리를 찾고자 한다면 변하는 것에 시간을 허비해서는 안 된다고. 영원을 찾는 일에 자꾸 변하는 것이 무슨 소용이겠는가? 참된 본질은 영원성, 즉 시간 및 시간의 흐름에 따른 필연적인 변화에 무관한 속성을 의미한다. 무언가의 본질은 변하지 않는다. 만약 변한다면, 그 무언가는 자신이 아닌 것이 되기 때문이다.

존재와 생성은 소크라테스 이전의 그리스 시대에서부터 줄곧 논란을 불러일으켰으며, 여러 면에서 지금도 그렇다. 하지만 그런 논란은 일종의 지적인 고집에서 생긴다. 즉 존재의 복잡성에는 이것 아니면 저것 식의 하나의 단순한 정답만이 있다고 우기는 태도에서 생긴다. 이 책에서 보았듯이, 위대한 철학자 겸 역사가 이사야 벌린은 이 고집을 가리켜 '이오니아의 오류'라고 불렀다. 이는 형이상학적 질문에 하나의 절대적이고 최종적인 답이 존재한다는 믿음이다 (어쨌거나 이것도 하나의 믿음이기 때문이다). 과학의 경우, 비록 물리학이 끊임없이 변하는 물질적 현상의 속성들을 연구하고 생물학이 생명계에서 우리가 관찰하는 속성들과 변화들을 연구하긴 하지만, 두 분야 모두 (우리가 아는 지식으로는) 태초부터 영원하고 변하지 않는 법칙들에 기댄다(생물학의 경우엔, 태초부터가 아니라 이 지구나 다른 곳에서 생명이 출현한 이후부터가 연구 대상이다). 과학의 렌즈를 통해서 보면, 존재와 생성은 우리가 실재를 기술하는 보완적인 두 측면이다. 우리가 보는 대로의 세계를 설명해 줄 서로 맞물린 두 측면인 것이다. 살아 있는 물질과 살아 있지 않는 물질 모두 불변의 법칙들에 따라 변한다.

우리 개개인으로선, 존재와 생성의 통합은 삶의 활동을

통해 일어난다. 그게 바로 이 책에서 한 이야기다. 인간은 의미에 집중한다. 우리는 의미가 필요하고 의미를 찾으며 의미에서 영감을 받는다. 플라이낚시와 물리학에 대한 나의 추구는 자아의 지속적인 불안 상태, 드러내야 할 존재론적 가려움의 표현이다. 작고 소심한 시도이긴 하지만 그래도 실재의 본질을 조금이나마 밝혀내는 활동이다. 우리 삶은 분명 언제나 흐름 속에 있다. 하지만 변화(미리 예비했던 것이든 뜻밖의 것이든)에는 자연법칙의 안정된 손 그리고 우리의 선택을 이끄는 세계관과 믿음이 필요하다. 비록 세계관과 믿음은 자주 재검토될 수 있고 그래야 마땅하지만, 우리가 새로운 방향을 기꺼이 따르게 해주는 든든한 토대이자 뜻밖에도 우리의 통제 범위를 넘어서 변화가 생길 때 어떻게 대처해야 할지 알려주는 든든한 토대이기도 하다. 비록 그 과정에서 우리가 하는 선택들(자기 발견의 가능성이 가장 큰 선택들)은 가보지 않은 길일지언정 그런 선택을 할 시점에 우리가 세계 및 우리 자신을 보는 방식에 바탕을 둔다. 우리는 선택을 하고 그게 어떻게 펼쳐질지 보면서, 그 선택을 철회하거나 수정된 세계관 내에서 받아들인다. 이처럼 끊임없이 진화하는 존재론적 순환 고리feedback loop야말로 내가 보기에 가장 풍요로운 생활방식이자 가능성의 탐구다. 이 책은 나 자신의 가능성을 탐구한 기록이자 독자 여러분 자신의 가능성을 탐구하도록 권하는 글이다.

많은 독자들, 특히 플라이낚시꾼들(그리고 전문잡지에 기고하는 플라이낚시 도서 리뷰어들)이 책의 결말에서 충격을 받았다. 이 책은 플라이낚시의 우묵한 사원 속으로 주뼛주뼛 들어가는 초보 견습생의 이야기에서부터 시작한다. 각고의 노력으로 서서히 플라이낚시의 전통과 기술을 여러 사부한 테서 배워나가던 이 견습생은 필요한 전문 기술을 더 잘 발휘하게 되자 집단을 배신하고 플라이낚시의 존재 이유(물고기 잡기)에 반란을 일으키고 만다. 그렇다면 전부 헛소리란 말인가? 그런 결론은 플라이낚시를 단지 물고기를 속여서 죽게 만드는 행위, 즉 인간이 자연계를 지배하는 한 사례라고 여기는 이들의 몫일 테다. 그건 내가 플라이낚시를 배우기로 결심했던 이유가 결코 아니었다. 내게 플라이낚시는 인생의 간절한 변화를 위한 입구였다. 강과 산이 나를 부르고 있었기에 거기로 가야 했다. 세계로 나가서 나 자신에게로 돌아오는 길을 찾아야 했다.

이 책은 모든 진지한 헌신이 그러하듯이 자기 발견의 여정이다. 여행에 성공하려면 열린 마음으로 여행 과정에서 배워야 하며, 기존에 지녔던 가치관과 믿음을 열린 마음으로 재검토하고 변화를 받아들여야 한다. 견습생은 누구든 자기 삶이라는 대서사시에서 영웅이 되겠다는 기대로 여행을 시작한다. 승리하려면 영웅은 여정의 고난과 시련에 정면으로 맞서야 한다. 그래야만 자신의 참된 본질의 새로운 면모를 알게 된다. 그 과정에서 그의 세계관이 달라지는데, 당연히 그래야 하며 그리고 나서 영웅은 가장 큰 적(자기 자신에 대한 무지)을 정복한다. 적어도 새로운 질문들이 떠올라, 이전의 성취로는 만족하지 못해 다른 탐구의 길을 떠나기 전까지는.

　　플라이낚시를 통해 나는 어린 소년, 자연과 영적으로 이어지고자 하는 나의 염원을 표상하는 상상 속 존재를 다시 만났다. 감사하기 그지없는 일이다. 그 갈망은 내가 열 살 때부터 있었고 지금 여기에도 있다. 평생 살아오면서 겪은 온갖 일 때문에, 우리가 사는 시대의 문제들 때문에, 그리고 우리 종이 저질렀고 지금도 자연환경에 저지르고 있는 끔찍한 해악 때문에 그 갈망이 지금은 약해지긴 했지만 말이다. 아이슬란드의 그 강에서 송어의 아름다움을 절실히 느끼고서 나는 그 생명체의 자유를 해치는 짓을 그만두게 되었다. 이 깨달음은 내게 계시로서, 오랜 세월 찾아온 의미 탐구의 결정체로서 다가왔다. 다른 생명체를 붙잡고 다른 세계를 엿보는 즐거움에 빠져 그만 나는 손에 낚싯대를 쥐고 그렇게나 많은 강에 들어간 원래의 이유를 잊었다. '자연과 가까워지기' 그리고 '나 자신을 찾는 입구로서 야생 속으로 스며들기'라는 본래 이유를 말이다. 내가 시작한 삶이라는 여행을 새롭게 정비하라는 권유를 받고서, 이제 나는 바늘과 낚싯대 없이 오로지 내 몸과 마음으로 참여하는 여정에 들어섰다. 정신이 이처럼 확장되면서 나는 물에서 벗어날 준비가 되었고, 세계의 완전성과 이 완전성 속의 나 그리고 내 안의 이 완전성을 숙고할 준비가 되었다.

뉴햄프셔주, 하노버에서
2021년 9월 7일

감사의 말

이 책은 무엇보다도 자연을 사랑하는 마음의 표현이다. 오랜 세월 나는 직업 덕분에 전 세계를 돌아다닐 특권을 듬뿍 누렸다. 그런 기회를 누릴 수 있었음에, 그리고 오랫동안 많은 동료들의 뒷받침해 준 데 감사한다.

먼저 아내 카리에게 고마움을 전한다. 지혜를 나눠주고, 나와 함께 지내고, 내게 무엇이 필요한지 알고 또한 그걸 어떻게 알려줄지도 아는 아내에게 고맙기 그지없다. 매일 내 삶은 아내가 비춰주는 축복의 빛으로 가득하다.

담당 편집자 스티븐 헐 씨에게 감사드린다. 헐 씨는 이 책 집필에 늘 관심을 기울였고, 통상적이지 않고 기존 양식을 깨는 이야기임에도 변함없는 지지를 보내주었다. 또한 늘 지혜롭게 나를 이끌어준 담당 에이전트 마이클 칼리슬 씨에게도 감사드린다.

마지막으로 이 책을 모든 송어들, 자신들의 세계를 쉴 새 없이 침범하는 인간의 손길을 용케 피해내는 그 생명체들에게 바친다. 풀 수 없는 방정식처럼 그들의 본질은 여전히 미지로 남아서 우리를 경외와 감탄으로 채울 것이다.

색인

찾아보기